熱設計を考慮した
EMC設計の基礎知識

鈴木茂夫【著】

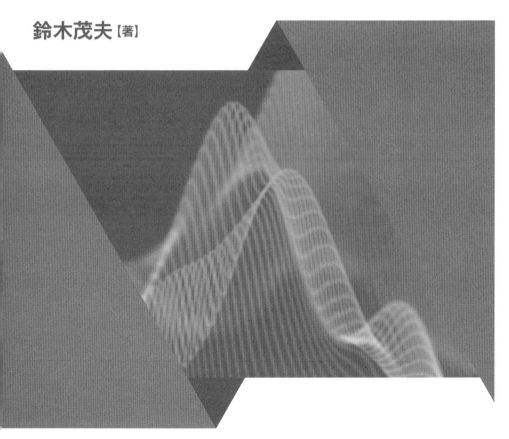

日刊工業新聞社

はじめに

　現在、電気・電子機器のほとんどがエレクトロニクスの技術の進歩によって性能・機能が著しく向上しています。今後の AI、IoT 社会に向けてさらなる技術進歩が予想されます。こうした中、電気・電子機器の高周波エネルギーが増大して電磁波が放射される、電磁波を受信することによる障害の発生、小型化、軽量化する中で発熱量の増大、熱やノイズの影響を受けて回路や部品の機能障害などの問題が顕在化しています。EMC の分野では電磁気学を基礎として信号伝送、アンテナ、部品を始めあらゆる分野のエレクトロニクスの知識が必要となり、熱の問題に関しては熱、伝熱工学、流体力学の知識が必要となります。EMC（ノイズの問題）は電磁波の放射レベルを規定値以下にすること、ノイズの影響を受けても機器が意図した動作が保証できるようにすること、熱については熱源から熱を効率よく機器の外部に運ぶことによって熱源の温度を規定値以下にすることです。また、熱による影響を受けても部品を最高保証温度以下にすることです。本書は EMC と熱の問題は源が同じであるため、これらの問題を共通したプロセスで構築できないものかと考え、信号回路から発生するノイズ源と熱源、これらが伝搬する経路、ノイズや熱の影響を受ける、EMC と熱にとって重要な働きをする EMC システム GND、熱システム GND ともいえる筐体の 4 つのプロセスで表し、共通するところ非共通なところを明らかにしております。各章では主として次のようなことを意図しています。

　第 1 章は EMC と熱の共通性とシステム的な考え方、用語、エネルギー保存則

　第 2 章はノイズ源と熱源の源からの流速、ノイズ源の発生メカニズム、熱の伝達

　第 3 章は源、伝搬、受信、筐体までを含めたインピーダンスの考え方

　第 4 章は EMC と熱に関する基本法則

　第 5 章はノイズ源と熱源のエネルギーを低減する方法

　第 6 章は伝搬経路においてコモンモードノイズの伝搬、熱の伝達のメカニズム及びその対策方法

目　次

8.7　電磁波に関する波動方程式 …………………………………………… 171

8.8　熱伝導方程式 …………………………………………………………… 174

8.9　ノイズ源のエネルギーと熱エネルギー …………………………… 175

8.10　放射伝達率と放射インピーダンス（ステファン・ボルツマンの法則）
　　　…………………………………………………………………………… 176

8.11　ノイズ源を探す方法 …………………………………………………… 177

参考文献 …………………………………………………………………………… 179

索　引 ……………………………………………………………………………… 181

第1章

EMCと熱の共通性

1.1 技術が進歩すると高周波エネルギーと熱エネルギーは増大する

(1) EMCと熱設計の重要性

　エレクトロニクス技術の進歩は電子機器を使用するユーザーがより多くの機能、性能の実現を期待し、IC技術者や電子機器設計者がその要求に応えていくことによって実現します。今日、エレクトロニクス技術を使用した製品のほとんどは機能、性能、コストなどのパフォーマンスが相当良くなっています。電子機器で使用されるICの性能が向上し、高速に動作をして定格出力を維持するためには許容定格温度以下で動作をしなければならない。そのためには熱設計が必要となります。近年の電子機器は小型化、軽薄、ICの性能向上は著しく高密度に実装され、発熱量が増大するとともに発熱密度が大きくなっています。それによる温度上昇は部品の寿命の低下、不良率の上昇を引き起こします。

　この発熱した熱を電子機器外に効率よく運び出すための冷却設計（熱設計）が必要となります。図1-1のグラフは横軸に技術の進歩、製品の高機能化を示すICの高速化（クロック周波数の高周波化）をとり、縦軸は製品（ICを含めた）が消費するエネルギーの状態を示しています。ICが動作するクロック周波数が高くなることによって高周波エネルギーと熱エネルギーが増大します。EMC（ノイズの放射とノイズ受信）と熱の問題は半導体ICを含めた技術が進歩・高度化したときに顕在化した現象といえます。過去にICが低速で動作をしていた頃には熱エネルギーと高周波エネルギーは小さく、双方の問題はそれ

第 1 章　EMC と熱の共通性

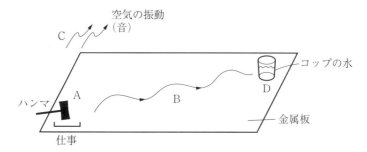

(a)　仕事とその影響

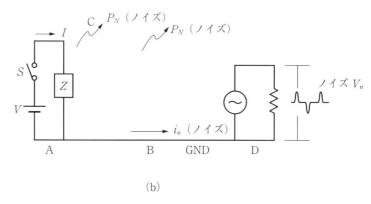

(b)

図 1-3　ノイズの問題

ら大きな空気振動が侵入して金属板が振動してもコップの水も変化する、A の部分の仕事にも悪影響を与えることが考えられます。

　ここで同図(a)の現象を同図(b)の簡易化した電子回路に置き換えて考えると、A の部分が負荷 Z に電源 V から電流 I を流して動作させる回路に相当し、この回路から空気中に電磁波ノイズ P_N が放射されます。また、回路から漏れたノイズ電流 i_n が離れた回路 D に流れて（流れる経路が同図(a)の B に相当）、抵抗にノイズ電圧 V_n を発生させます。このようにノイズが空間に放射される、離れたところの別の回路 D にノイズ電圧が生じることと、外部からのノイズの影響を受けるという 2 つの現象が起こります。

　EMC（電磁環境両立性：Electric Magnetic Compatibility）とは、放射され

るノイズ（エミッション：EMI）を規格で定められた一定レベル以下にする、ノイズを受けても電子機器が意図した機能を維持することができる能力（イミュニティ：EMS）を持つこと。これらを満たすように設計するのがEMC設計です。

(2) 信号伝送の考え方（EMC）

図 1-4 は信号伝送の基本的な考え方を示しています。同図(a)の回路に入力された電力 P_{in} は電磁波 P_z によって伝送路を伝わって、電力（P_z）が負荷に運ばれます。こうして入力信号は負荷まで伝送されることになります。このとき伝送する信号が伝送路から外部空間に放射されること（漏れる）及び他の回路部分に伝送されて何らかの悪影響（誤動作、S/N 劣化、故障等）を与えることが EMC の問題となります。したがって、信号伝送回路において外部空間に信号電力が漏れないように設計することが EMC 設計といえます。

同図(b)の電子回路では電源 V（エネルギー源）を供給し IC をスイッチング

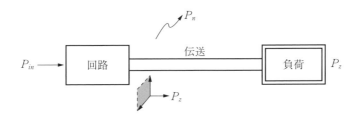

(a) 入力エネルギーを電磁波が負荷まで運ぶ

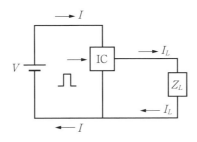

(b) 電子回路

図 1-4　信号の伝送

動作させて電流 I を流します。IC からは負荷 Z_L に負荷電流 I_L を供給して意図した動作をさせるようにします（これが設計）。この負荷電流を流すタイミング（速さ）を IC に入力するデジタルクロックによって決めます。近年、このデジタルクロックの周波数が非常に高くなっています。そのため IC で消費する電力の増加による熱と放射されるノイズが増加します。

(3) ノイズの伝搬形態

図 1-5(a) に示すノイズの伝搬形態ではノイズ源 V_n（源①）があり、このノイズ源から外部に伝搬する経路②（ノイズ電流 i_n が流れる経路）があり、ノイズや熱の影響を受けやすいノイズ受信部③があり、これらを取り囲む幅広い金属部分でできているフレーム、シャーシなど筐体（EMC システム GND、以下、システム GND と呼ぶ）の 4 つの要素として考えることができます。ノイズ源

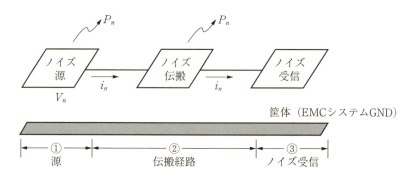

(a) ノイズの伝搬形態

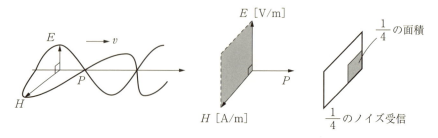

(b) 電磁波の形と受信レベル

図 1-5　ノイズ源、伝搬、受信メカニズム

と熱源は発生源①のエネルギーを低減すればともに小さくなります。伝搬経路②はノイズを伝搬しにくくして（ノイズ電流に対する電気的インピーダンスを大きくする）電子機器の外部への放射を最小にしなければならない。

同図(b)は放射された電磁波（ノイズ）の波形（正弦波として）を示したものです。電磁波は電界波 E（電気的に力を持った波）とこれに直交して振動する磁界波 H（磁気的に力を持った波）からなり電磁波の進む方向はベクトル E からベクトル H の方に回したときに右ねじの進む方向 P となります。このことは電磁波 P は電界波 E と磁界波 H の外積 $P = E \times H$ で表せ、その大きさは図のように斜線部（長方形の面積）となります。電界波 E の単位が［V/m］、磁界波 H の単位が［A/m］なので、電磁波の大きさ P の単位は［W/m²］となり、斜線部は単位面積当たりの電力となります。このような電磁波（ノイズ）を回路が受信する場合、受信する部分の面積（信号回路や電源回路のループ面積）が小さいほど受信するノイズ電力は少なくなります。$\frac{1}{4}$ の面積のとき $\frac{1}{4}$ の受信電力となります。このノイズ電力によって回路の誤動作、S/N（信号に対するノイズレベル）などの影響が生じることになります。

1.3　熱の考え方

(1)　熱の伝わり方は 3 つの形態がある

図1-6 は熱の伝わり方を示しています。同図(a)は熱源からの熱 Q_h が金属棒を伝導して伝わる熱伝導の現象です。これはちょうど熱源を電圧として金属の中を電流が流れる現象に似ています。同図(b)は熱源からの熱が大気中に空気を伝搬媒質にして伝わる現象で自然対流です（重力によって温度の高い空気が上昇します）。一方、大気中が暑いと汗が出ます。この暑い大気をエアコンからの冷たい空気で冷やして暑い空気を移動させることによって冷やす方式が強制対流です。同図(c)は熱源の熱エネルギー（電子による振動）が電磁波によって運ばれる現象で放射と呼びます。この放射は回路を動作させるために投入したエネルギーの一部が電磁波によって大気中に運ばれるノイズの放射と同じ現象になります。こうした現象はノイズの伝搬（伝導）やノイズの放射とよく

第1章　EMCと熱の共通性

気中に伝達する手段（伝達効率）と空気中に放出された熱流を効率よく運搬する（熱の輸送効率）の2つのステップの考え方が必要となります。

1.4　電気と熱に関する用語

EMCと熱の問題をできるだけ共通したモデルや考え方をする場合に、それぞれの分野で使用されている用語の呼び方を定義しておくことが必要であると考えられます。

電子機器の基本は信号回路を動作させて意図する機能を実現させることにあります。この信号回路がノイズ発生と熱発生の源となり、ノイズと熱が伝わる伝搬経路（伝達経路）ができます。この伝搬する方法にはノイズが金属の中を電流となって伝わる伝導と空気中への電磁波放射があります。熱も伝わる方法には、伝導、対流（自然対流と強制対流）、放射の3つの形態があります。

電気（ノイズを含めて）や熱を伝えにくくする働きがインピーダンスの概念です。これには電気的なインピーダンスと熱的なインピーダンスがあります。電気的なインピーダンスを Z（単位はオーム［Ω］）、熱的なインピーダンスを Z_h（heat の h）とします。電気的なインピーダンス Z には実数の抵抗 R、インダクタンス L による $Z=j\omega L$、キャパシタンス C による $Z=\dfrac{1}{j\omega C}$ があり、電磁波のインピーダンスは $Z=\dfrac{E}{H}$［Ω］で表すことができます。熱的なインピーダンスについては熱伝導に対しては熱抵抗 R_h で、熱対流に対する熱伝達インピーダンス及び熱の放射に対する放射インピーダンスをともに熱インピーダンス Z_h として、熱伝達インピーダンスを Z_{hc}（c は対流 convection）、熱放射インピーダンスを Z_{hr}（r は radiation）で表すことにします。

ノイズの影響を受けて誤動作など生じないようにすることがイミュニティ（耐性）で、同様に熱による耐性も熱イミュニティ（熱的な耐性）と呼ぶことにします。

その他については、第2章の表2-1（EMCと熱に関する用語の比較）があります。

16

1.5 エネルギー保存の法則による考え方

信号回路からのノイズと熱の発生・伝搬もすべてエネルギーがなくなるのではなく、エネルギーが移動する現象と考えることができます。いま、**図 1-8**(a)のような電源 V とスイッチ S で構成された IC から負荷 Z_L に電流 I が流れ、負荷に必要な電力 P_z が供給される回路を考えます。回路に入力される電力 P_{in} は負荷 P_z に電流を供給することによって生じる熱量 W_h と IC から負荷までの配線の抵抗 r によって発生する熱 P_h($=I^2r$)となります。ここで入力電力 P_{in} は負荷 P_z に供給するための熱とほぼ等しく $P_{in} \fallingdotseq W_h$ となります。また、この回路から外部に放射するノイズ電力を P_n(高周波成分)とすれば、エネルギー保存の法則によって $P_{in} = P_z + P_h + P_n$ となります。EMC 設計では回路外部に放射(または漏れる)電力 P_n を最小にしなければならない。P_n について整理すると次のようになります。

$$P_n = P_{in} - P_z - P_h \quad \cdots\cdots\cdots\cdots\cdots\cdots\cdots\cdots\cdots\cdots\cdots\cdots\cdots\cdots (1.1)$$

これより P_n を最小にするためには、入力電力 P_{in} を最小にする、入力電力は $P_{in} = V \cdot I = q \cdot \dfrac{dV}{dt}$ となるので入力電圧 V や電流 I、電圧の変化 $\dfrac{dV}{dt}$ を最小にする、負荷に送る電力 P_z を最大にして損失を最小にする(入力電力をロスなく負荷まで伝送する)、熱損失 P_h を最大にする(配線の抵抗成分より大きな抵抗(例:100 Ω)を用いる)ことが必要となります。この配線による熱損失 P_h は

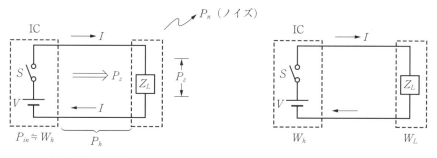

(a) 回路と電力 　　　　　　　　 (b) 回路から発生する熱

図 1-8　エネルギー保存の法則

第1章　EMCと熱の共通性

信号処理回路では小さく無視することができます。

一方、同図(b)ではIC回路から発生する熱をW_h、負荷の抵抗成分によって発生する熱をW_Lとすれば、配線を含めて回路から発生する熱の合計W_Tは次のようになります。

$$W_T = W_h + P_h + W_L \quad \cdots\cdots\cdots\cdots\cdots\cdots\cdots\cdots\cdots\cdots\cdots\cdots\cdots\cdots\cdots (1.2)$$

入力電力P_{in}に比例して熱量は増加します。

1.6 波（定在波）は力をもつ

図1-9は振幅A、周期T（周波数f）、波長λの正弦波を示しています。この波の速度vと周波数fの関係は、波長λ（距離）を周期T（時間）で割り$v=\dfrac{\lambda}{T}$、$f=\dfrac{1}{T}$から$v=f\cdot\lambda$となります。波のエネルギーUは$U=kA^2\cdot f^2$（k：波が伝搬する媒質によって決まる定数）となり、振幅Aと周波数fの2乗の積に比例します。

図1-10は回路の周囲長によって回路に入力されるエネルギーが異なることを示すためのものです。回路は配線でできていますので単位長さ当たりのインダクタンスLと配線間のキャパシタCで表すことができます。信号はインダクタンスLを進むと抵抗$\left(\text{逆起電力}\,L\cdot\dfrac{dI}{dt}\right)$され、これを乗り越え、次にキャパシタ$C$を充電しながら進みます。したがって、回路が長いほど信号の入力エネルギーは大きくなります。これを力学でたとえると、力F（電圧V）を加えたときの動かしにくさが質量m（インダクタンスL）で、動く速度vが電流Iに

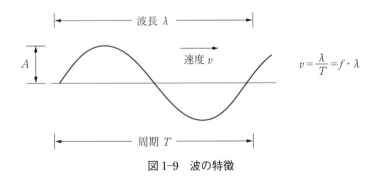

図1-9　波の特徴

1.6 波（定在波）は力をもつ

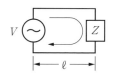
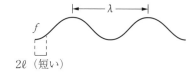

(a) 短い回路と信号の波

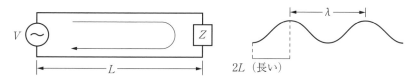

(b) 長い回路と信号の波

図 1-10　回路の長さと波の大きさ

相当するので力学の運動量 $p=mv$ に対する回路の運動量は $\phi=LI$ となります。運動量は回路に電流を流したときの総磁力線 ϕ ということになります。したがって回路の力は運動量の時間変化なので $V=\dfrac{d\phi}{dt}=L\cdot\dfrac{dI}{dt}\left(F=\dfrac{dP}{dt}=m\cdot\dfrac{dv}{dt}\right)$ と求めることができます。単位長さ当たりのインダクタンスが多くなると運動量は大きくなり、回路に印加する力は大きな値となります。回路が長くなると入力エネルギーが多くなるが、エネルギーが他の回路に漏れない、または回路に波が生じないと放射は起こらない。回路に定在波が生じたときに外部に放射されるノイズエネルギーが最も多くなります。

図 1-10 は回路の周囲長と波の波長 λ を比べたときに、同図(a)のように回路の周囲長 2ℓ が波長 λ に比べて無視できるときには、波の変化が極めて少なく放射力は弱くなります。同図(b)のように波の波長に比べて周囲長 $2L$ が無視することができないときには回路内には波が立つことになり、特定の条件（周囲長が波長 λ に等しい）のときには回路に定在波（振動）が生じてノイズが放射されます。このことは回路の周囲長が長くなると回路が電源から特定周波数のエネルギーを多く吸収するため放射エネルギーが最大となることです。このような定在波を作らないためにも回路の周囲長を短くすることが必要となります。

図 1-11(a)の振幅 A、周期 T で繰り返すデジタルクロックは、フーリエ級数

第1章　EMCと熱の共通性

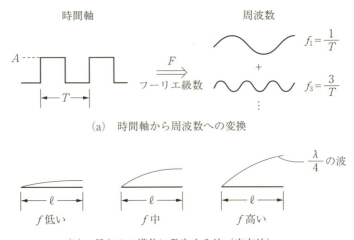

図 1-11　波の波長と配線長との関係

に展開するとクロックと同じ周波数の基本波 f_1 とその高調波（2倍、3倍、…）成分を持つことになります。この高調波の周波数が高くなるほど波の波長は短くなるので、同図(b)に示すように長さ ℓ の配線に重畳する波（定在波）の振幅が大きくなります（電圧勾配や電流勾配）。この振幅が最大になるのは $\frac{\lambda}{4}$ の長さが配線の長さ ℓ に等しいときとなり、$\frac{\lambda}{4} = \ell$、$\lambda = 4\ell$ のときとなります。こうして配線を伝搬する波の速度 v がわかれば、周波数 f を求めることができます。この周波数が基本周波数 f_1 となり、次に3倍の f_3、次に5倍の f_5…といった周波数の高調波が発生することになります。

1.7　EMC設計と熱設計のシステム的な考え方

これまで図1-5と図1-7に示したように、ノイズの発生源と熱源、源からノイズエネルギーと熱エネルギーの伝搬、ノイズエネルギーや熱エネルギーの受信といったメカニズムは共通に考えることができます。

(1) EMC設計の考え方

図1-12(a)は電子機器の筐体（EMCシステムGND）と内部の回路1（PCB1）

1.7 EMC 設計と熱設計のシステム的な考え方

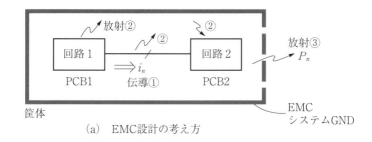

(a) EMC 設計の考え方

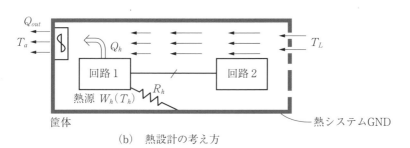

(b) 熱設計の考え方

図 1-12 EMC 設計と熱設計の考え方

とノイズに弱い回路 2（PCB2）があり、回路間がケーブルによって接続されています。回路 1 やケーブルから放射されるノイズ②、回路 1 から回路 2 に伝導するノイズ i_n ①、筐体の開口部から外部に放射されるノイズ P_n（③）があり、EMC では筐体の外部から放射されるノイズ P_n（③）を最小にすることが必要となります。また、回路 2 が回路 1 からのノイズ②や外部機器からノイズを受けても電子機器が意図した動作（回路 1 も回路 2 も）ができるよう設計しなければならない。信号のエネルギーを回路構造（信号回路、PCB と筐体）に閉じ込めて外部に漏れるエネルギーを最小にすることが必要となります。

(2) 熱設計の考え方

図 1-12(a) と同じく、同図 (b) には電子機器の筐体内の熱源 W_h（温度 T_h）となる回路 1 があり、この回路からできるだけ多くの熱量を熱抵抗 R_h を通して筐体に伝導させる、できるだけ多くの熱量 Q_h を流体（空気）に伝達させることによって熱源の温度を下げることです。次に、強制冷却の場合は、ファンによって外部から冷気（温度 T_L）を取り入れて熱量 Q_h を電子機器外部に効率よ

21

第1章　EMCと熱の共通性

く輸送させて、回路1（IC等）が部品の保証温度を維持できるようにしなければならない。この場合、回路1の熱量は強制対流熱伝達（強制空冷）だけでなく熱放射、筐体までの熱抵抗 R_h を通した熱伝導によって放熱されることになります。

　このように熱設計では熱源からのエネルギーを効率よく筐体の外部に運び出すために（$T_a - T_L$ を最小）、熱の伝達と熱の輸送という2つの過程を考える必要があります。熱伝達では熱インピーダンスを下げること、熱の輸送では流体の流量、速度、流体が流れる流路（形状・構造）が重要となります。また、熱に弱い部品が熱の影響を受けないようにしなければならない。

（3）EMCと熱の問題の異なるところ

　電子機器を構成する電子回路（デジタル回路）の基本は、ICに電圧を供給して信号の速さ（クロック周波数）で意図した動作をさせることです。このとき電子回路からノイズ（電磁波）が空間に放射（エミッション）される、ノイズが伝導して他の回路が悪影響を受ける、また他の電子機器からノイズの影響を受ける（イミュニティ）。熱の問題は、電子回路が動作するときにエネルギーを使用することによってそれが熱となることです。この熱が電子機器の中を流れて別の電子回路に熱的な影響を与えることです。クロック周波数が高いほど入力エネルギーは大きくなりノイズの放射も大きく、発熱量も多くなることは共通します。

　EMCでは放射ノイズを少なくする、伝搬するノイズを少なくすることです。そのためには、信号のエネルギーを信号回路に閉じ込めて、外部に漏れないようにすることです（エネルギー保存の法則）。これに対して、熱設計は熱を効率よく熱源から電子機器の外部に移動させることにあります。ここが大きく異なることです。

　ノイズとは、仕事をする（設計した）回路から不要な電流（コモンモードノイズ）が回路の外部（空間と伝搬経路）に移動することです。このコモンモードノイズ電流を流しにくくすること、つまり伝搬経路のインピーダンスを大きくすることが必要です。一方、熱は発生源から効率よく移動させて外部に放熱しなければならない。そのためには熱が流れる伝搬経路の熱インピーダンス

（流路のインピーダンス）を最小にしなければならない。ここにも回路から漏れたノイズの移動と熱の移動の考え方の違いがあります。

しかしながら、伝搬経路のインピーダンスについて相反するようであるが、ノイズと熱に対する信号回路やプリント基板の構造に対しては、電気的なインピーダンスを低くすることと熱インピーダンスを低くすることは同じとなります（後述）。また、ノイズの放射を少なく、外部からのノイズの影響を最小化するためのシールドは熱を閉じ込める、電子機器筐体の開口部は熱の流れを妨げることになるので相反することになります。ノイズが放射されることは、一般的に回路に投入されるエネルギーが大きいほど漏れる量は多くなることが予想され、ノイズを放射させる力（定在波）を弱くしなければならない。エネルギーが大きくても外部に漏れないような構造にして閉じ込める方法もあります。また、微弱信号を扱う回路ほどノイズの影響を受けやすくなるのでノイズを受けにくい構造（ノイズに強い）やシールドする方法が考えられます。

(4) EMCも熱も異なる2つの過程を考慮する

EMCでは、第1に電子回路（信号回路や電源回路）に信号エネルギーを最大に閉じ込める（漏れ量を最小）、第2に回路以外（空間も含めて）に流れ出した電磁界を筐体（EMCシステムGND）と回路基板（PCB）間に密度大きく閉じ込めて、放出される電磁波のレベルを最小にする、ノイズの影響を受けやすい回路（部品を含めて）を強化することにあります。

一方、熱に関しては、第1に熱源から熱インピーダンスを小さくしてできるだけ伝達・伝導によって熱を流体に移動させる（熱インピーダンスの最小化、熱源の密度大から小さく）、第2に、この流体が流れる経路の最適な設定と流体が流れる経路のインピーダンスを最小（圧力損失を最小）にして排出することにあります。

第2章 ノイズ源と熱源及び流束

2.1　EMCと熱における力線と場、エネルギー

(1) 力線とベクトル

　EMCと熱で扱う流線には、電気力線の流れ、電流の流れ、電界や磁界の流れ、熱流の流れ、空気の流れなどがあります。これらの流れには、流線の密度が大きいところと小さいところ、また流れに傾斜があるものや回転しているもの、流れが湧き出す（発散）、吸収する方向の流れなどさまざまな状態があります。流線は図2-1に示すように大きさと方向を持ったベクトルで表すことができます。このように表すと流れの状態を可視化でき直観的に判断することができます。

(2) 力線、流束、場の関係

　図2-2は力線の種類と力線が束になった流束、それによって決まる「場」の

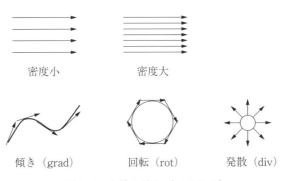

図2-1　力線の流れ（ベクトル）

第2章　ノイズ源と熱源及び流束

力　線	流　束	場
(a) → → 電気力線	S ◯▤▤▤▤▤ [本/m²] 電束電流 [A/m²]	電界 E （電場）
(b) → → 磁力線	◯▤▤▤▤▤ [本/m²] 磁束 [Wb]	磁界 H （磁場）
(c) E ↑ ／→ P H ↙ 電気力線と磁力線	◯▤▤▤▤▤ 電磁波 [W/m²]	電磁界 P （電磁場）
(d) → → 熱力線 （熱流）	◯▤▤▤▤▤ 熱流束 [W/m²]	温度 T （温度場）
(e) → → 流線	◯▤▤▤▤▤ 流束線 $\left[\dfrac{N}{m^2}=Pa\right]$	圧力 P （圧力場）
(f) → → 光線	◯▤▤▤▤▤ 光束 $\left[lm=\dfrac{cd}{sr}\right]$	照度 lx （電磁場）

図 2-2　力線、流束、場の関係

状態の名称を示したものです。いくつかの例をあげると、EMC に関して同図 (a)は電気的に力を及ぼす電気力線 [本/m²]、これが束になった電束電流（変位電流、以下変位電流と呼ぶ）[A/m²]、電気力線の場が電界（電場）となります。同図(b)は磁気的に力を及ぼす磁力線、これが束になった磁束 [Wb：ウエーバ]、磁力線の場が磁界（磁場）となります。同図(c)は電気力線と磁力線が一体になって、電磁波 [W/m²]（電界 E×磁界 H）、電磁界の場が電磁場となります。熱に関して同図(d)は熱力線（熱流）が束になった熱流束 [W/m²]、この熱流束の「場」が温度（温度場）となります。同図(e)は流体の流れを示す流線、流線が束になった流束線 [N/m²＝Pa]、この流束線の場が圧力の場となります。同図(f)は光線があり、これらが束になった光束 [lm：ルーメン]、その場が明るさを示す照度（電磁場）となります。このように考えると力線は力を持ち、エネルギーをもった場を作ることがわかります。

26

2.1 EMCと熱における力線と場、エネルギー

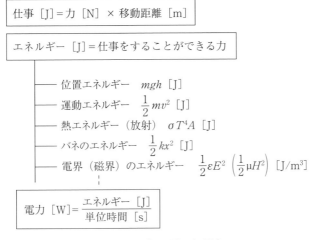

図2-3 エネルギーと電力

(3) エネルギーと電力

図2-3は仕事、エネルギー、電力の関係を示すものです。熱によって生じる電力 W の単位はワット [W] で、この電力が時間 t [s] だけ消費されるとそのエネルギー U は $U = Wt$ [J：ジュール] となります。いま、ある物体に力 F を加えて、移動距離 ℓ だけ動かしたときの仕事量は $F \cdot \ell$ [J] となります。つまりエネルギーとは仕事をすることができる能力を表しています。エネルギーの種類には、位置エネルギー（mgh）、運動エネルギー $\left(\dfrac{1}{2}mv^2\right)$、熱放射エネルギー（$\sigma T^4 A$）、バネの位置エネルギー $\left(\dfrac{1}{2}kx^2\right)$、電磁波のエネルギー $\left(\dfrac{1}{2}\varepsilon E^2 + \dfrac{1}{2}\mu H^2\right)$ など多くあります。

熱の単位はジュール [J] で表し、1 cal（カロリー）の熱量をエネルギーに変換すると約 4.2 [J] になります。エネルギーと熱量は等価となります。ここで 1 [J] のエネルギーとは感覚として、リンゴ1個（約 100 g とする）を高さ 1 m まで持ち上げるのにほぼ等しいエネルギー（$mgh = 0.1 \times 9.8 \times 1$）となります。また、水 m [kg] の温度を t ℃上げるのに必要なエネルギー Q [cal] は、$Q = mct$（c：水の比熱 4.2 kcal/kg℃）により求めることができます。野球のピッチャーがボール（質量：約 145 g）を速度 150 km/h で投げたときの運動エネルギー K

第2章　ノイズ源と熱源及び流束

は $K = \dfrac{1}{2}mv^2$ より約 126[J] と求めることができます。エネルギーが連続的に供給される場合は、1 秒当たりに供給されるエネルギーを電力 [J/s＝W] として考えることができます。時間を固定して考えるとエネルギーと電力は同じものとなります。熱設計ではエネルギーの流れを考えることであり、温度が一定になることは入ってくるエネルギーと出ていくエネルギーが等しくなることです。所定のエネルギーの状態（定常状態）で製品が保証している最高の使用環境温度で製品が意図したどおり動作しなければならない。熱と EMC に関してエネルギーを扱う場合は、電力で表すのが適していることになります。

表 2-1 は EMC と熱に関して関連する主要な用語の比較を示したものです。電位差 [V]（2 点間の電圧差、これは電荷を移動させるエネルギーとなる）が熱では温度差 [℃]（温度はエネルギーの密度差）に相当し、回路を伝導する電

表 2-1　EMC と熱に関する用語の比較

EMC（電磁波エネルギーの流れ）		熱（熱エネルギーの流れ）	
電位差 V[V]		温度差 ΔT[℃]	
伝導	伝導電力 [W/m²]	熱伝導 [W/m²]	
	電気伝導率 [S/m]	熱伝導率 [W/m ℃]	
放射	電磁波 [W/m²]	熱流束 [W/m²]	
		熱放射 [W/m²]	
電気的インピーダンス	抵抗 R[Ω]		熱抵抗 R_h[℃/W]
	インダクタンス L $Z_L = j\omega L$[Ω]	熱的インピーダンス	対流熱伝達インピーダンス Z_{hc} $Z_{hc} = \dfrac{1}{hA}$ [℃/W]
	キャパシタンス C $Z_C = \dfrac{1}{j\omega C}$ [Ω]		放射熱伝達インピーダンス Z_{hr} $Z_{hr} = \dfrac{1}{h_r \cdot A}$ [K/W] $h_r = 4\varepsilon\sigma T^3$
電気容量 C[F：ファラッド] $Q = C \cdot V$		熱容量 $Q_h = mc$[cal/℃]	
時定数 τ $\tau = CR$[s]		熱的時定数 $\tau_h = Q_h \cdot Z_h$ $\tau_h = \dfrac{mc}{h \cdot A}$ [s]	

28

力の流れを示す伝導電力［W/m²］が熱伝導［W/m²］に、空間や絶縁体の中を流れる電磁波の流れ［W/m²］）が、熱流束［W/m²］に相当します。電界 E［V/m］と磁界 H［A/m］による電磁放射［W/m²］は熱が電磁波で運ばれる熱放射［W/m²］に相当します。電気の流れやすさを示すのが電気伝導率［S/m］、熱の伝えやすさを示すのが熱伝導率［W/m²℃］となります。電子回路に電圧を印加すると電流が流れる、この電流の流れを妨げる働きをするのが電気的なインピーダンス Z［Ω］（同じように空間に放射される電磁波のインピーダンスも $\dfrac{E}{H}$［Ω］）であり、熱の流れを妨げる働きをするのが熱的インピーダンス（熱抵抗）［℃/W］となります。電気的なインピーダンスには実数（抵抗）、虚数（インダクタンスとキャパシタンス）があるが、熱的なインピーダンスは実数のみと考えられます。電気回路では電荷（電気力線）を蓄積できる大きさを示す電気容量（キャパシタンスの単位F［C/V］：ファラッド、C：クーロン、V：電圧）が熱を蓄積できる大きさを示す熱容量［cal/℃］に相当します。

2.2　電荷源と熱源からのエネルギーの流れ

（1）電荷源と熱源から生じる流束

　図2-4(a)には電荷 Q［C：クーロン］（プラスとマイナス）が振動することによって電磁波 P（電界 E と磁界 H）が生じて速度 v で進みます。同様にして熱源 W_h［W］から熱力線の流れが生じて熱流束 Q_h［W/m²］となります。これが電磁波と熱のエネルギーの流れとなります。この電荷源の振動と熱源の関係が結び付けば電荷源と熱源は同じと考えることができます。

　図2-5は図2-4を詳細にしたもので、電気力線から電界と磁界、電磁波、熱源から熱力線、熱流束の流れの過程を示したものです。図2-5(a)では電荷 Q［C］に交流電圧 V を印加すると電荷は QV［J］のエネルギーを得て空間に時間的に変動する電気力線が発生します。電気力線の密度が大きいところでは電界（場）が強くエネルギーが大きく、電気力線の密度が小さいところでは電界が弱くエネルギーが小さくなります。電界 E の時間変動が変位電流 $J\left(\varepsilon \cdot \dfrac{dE}{dt}\right)$ となり、変位電流が流れると磁界 H（$J = \mathrm{rot}\,H$）が発生します。この現象によっ

第2章　ノイズ源と熱源及び流束

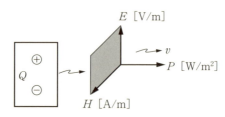

（a）電荷の振動から電磁波（電磁束）の流れ

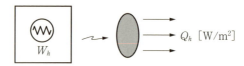

（b）熱源から熱流束の流れ

図2-4　電荷源と熱源からエネルギーの流れ

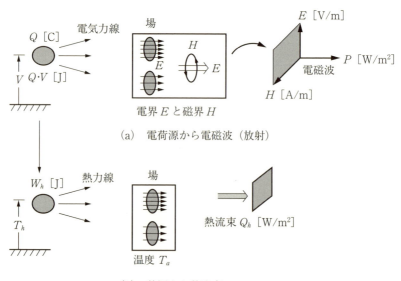

（a）電荷源から電磁波（放射）

（b）熱源から熱流束

図2-5　EMCと熱における力線と場の考え方

2.2 電荷源と熱源からのエネルギーの流れ

て電磁波 P が発生し、電界 E の波と磁界 H の波が大きさと方向をもって進んでいくことになります。

同図(b)には温度 T_h をもった熱源 W_h[J] があり、この熱源からエネルギーをもった熱力線（熱流）が発生して、熱力線の密度が大きいところほど場の温度 T_a は高くなり熱流束 Q_h[W/m²] が大きくなります。熱源から放出される放射熱（絶対温度 T^4 に比例）は電磁波放射と同じ現象で放射されます（熱放射は赤外線領域、電磁波はさらに波長が長い）。このようにしてEMCでも熱でも源（電荷源、熱源）から発生する力線、その密度、流束として考えることができます。つまり熱源と電磁波源は同一となり電荷のエネルギー QV と熱のエネルギー W_h は熱効率の関係で結ばれています。

(2) 信号回路にはプラスとマイナスの電荷が生じる

図 2-6(a)の回路で、スイッチを閉じると電源 V は b 端子にあるプラスの電荷を a 端子まで持ち上げ qV[J]（＋電荷 q を電位 V だけ高い位置に移動する）の仕事をします。その結果、b 端子はプラスの電荷が 1 つ抜けるのでマイナス電荷となり、a 端子はプラスの電荷が 1 個余分になるのでプラスの電荷となります（実際は自由電子が動くことができるが、ここではプラスの電荷が動くも

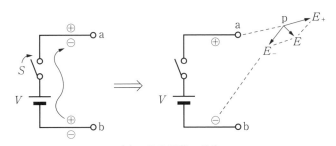

(a) ⊕⊖電荷の発生

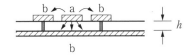

(b) 電気力線の密度を大きくする

図 2-6 信号回路（電荷源）は電気力線の密度を大きくする（閉じ込め）

のとします)。このプラス電荷とマイナス電荷が空間のp点に作る電界はE_+とE_-となり、この2つのベクトルを合成した電界Eが回路の空間に生じる電界となります。EMC設計ではこの電界Eを小さくするためにはプラス電荷による電界E_+とマイナス電荷による電界E_-を逆方向にする、つまりプラス電荷とマイナス電荷を最も近づければ電界Eは最小となります。

同図(b)は両面基板においてプラス電荷とマイナス電荷を最も接近させた断面状態を示したもので、信号電極aの周りをGND電極bでガードする構造によって外部空間の電界を電極aと電極bの間に密度高く集めることによって外部空間に生じる電界を最小にする方法です。図示してないが、キャパシタであればキャパシタ間の電極の距離dを小さくして内部の電界の密度$\left(E=\dfrac{V}{d}\right)$を高めることになります(同図(b)では距離$h$を最小にする)。

2.3 力線(流束)の密度を低減する方法

(1) 力線(電気力線、熱流束)の密度を低減する

図2-7のようにEMCも熱も力線が流れる経路の密度を低減していくと単位面積当たりのエネルギーが低くなり、電磁波の放射レベルの低減、温度の低下へとつながることになります。すなわちEMCと熱設計とも伝搬経路の電気力線の密度$J\left(\dfrac{\varepsilon dE}{dt}\right)$を低くしていくこと、熱力線の密度$J\left(\dfrac{Q_h}{S}\right)$を低くすることによって電磁エネルギーも熱エネルギーも小さくすることができます。電気信号はGNDや金属筐体の幅を広くすることによって電流密度Jが小さくなり

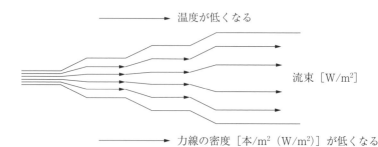

図2-7 力線の流れる経路(単位面積当たりのエネルギーが小さくなる)

2.3 力線（流束）の密度を低減する方法

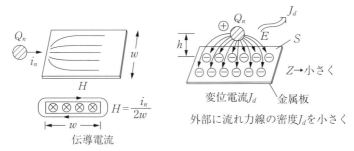

(a) 電流密度を低減する

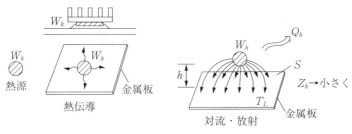

(b) 熱流束の密度を低減する

図 2-8　電荷源と熱源からの力線（流束）の低密度化

電磁波の放射を少なくすることができます。また、熱の伝搬も熱伝導率の良い金属で幅広く（面積を広く）することによって熱抵抗が下がり、放熱効果を高めることができます。

(2) 電荷源から生じる力線の密度を小さくする

図 2-8(a)のように電荷源 Q_n からノイズ電流 i_n が幅 w の金属板に流れると発生する磁界 H はアンペールの法則（$2wH=i_n$）によって $H=\dfrac{i_n}{2w}$ となります。ここで磁界を最小にするために幅 w を大きくすると、電流の密度 $J=\dfrac{i_n}{S}$（$S=w\cdot t$, $t=1$）を小さくすることができます。このことは同時に電荷分布が広くなることなので電荷密度 $\left(\dfrac{Q_n}{S}\right)$ が低下して外部電界 E も同時に少なくなります。次に、電荷源に幅広い金属（面積 S）を接近させると、電荷源からの電界は金属板に向かいクーロン力によって金属板の表面にマイナス電荷を誘起させます。距離 h を小さくするほど電荷源からの電気力線は幅広の金属に多く流れることになり、外部空間に流れる電流密度 J_d が低下します。このことは電荷源

33

第 2 章　ノイズ源と熱源及び流束

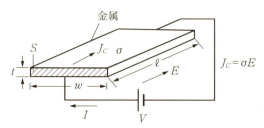

(a) 伝導電流の流れ方（オームの法則）

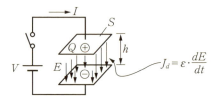

(b) 空間を流れる変位電流

図 2-10　伝導電流と変位電流

い）金属を使用する、電流 i を少なくする、電流が流れる方向の幅 w を広くすればよいことになります。

(2) 空間を流れる変位電流

　図同(b)のように距離 h で向かい合っている面積 S の電極にスイッチを入れると、電荷が移動して上側電極が＋に下側金属が－になり電界 E が＋電荷から－電荷の間に生じます。流れる電流 I と蓄積される電荷 Q との間には $Q=I\cdot dt=C\cdot dV$ の関係があるので極板間に流れる電流は $I=C\cdot\dfrac{dV}{dt}$ となり、キャパシタの容量は $C=\varepsilon\cdot\dfrac{S}{h}$、この両式から $J=\dfrac{I}{S}=\varepsilon\dfrac{dE}{dt}\left(E=\dfrac{V}{h}\right)$ が得られます。この電流がキャパシタの空間を流れる変位電流 J で電圧が時間的に変化 $\left(\dfrac{dV}{dt}\right)$ するときに流れることになります。この変位電流が流れるとその周りには磁界 H が回転して発生します（$J=\mathrm{rot}\,H$）。電極の面積が大きいほど、周囲長が長くなりアンペールの法則によって空間に発生する磁界は少なくなります。

(3) 電気伝導率

　図 2-11(a)には電気伝導率 $\sigma\,[1/\Omega\mathrm{m}=\mathrm{S/m}\quad \mathrm{S}：ジーメンス]$、断面積 S（幅

36

2.5 電気伝導と熱伝導

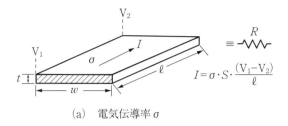

(a) 電気伝導率 σ

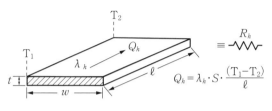

(b) 熱伝導率 λ_h

図 2-11 電気伝導率と熱伝導率

w、厚み t)、長さ ℓ の金属に電流 I が電位 V_1 から電位 V_2 の方向に流れると $I = \dfrac{V_1 - V_2}{R}$ となります。金属の抵抗は $R = \rho \cdot \dfrac{\ell}{S} = \dfrac{\ell}{\sigma S}$ なので電流 I は次のようになります。

$$I = \sigma S \cdot \dfrac{V_1 - V_2}{\ell} \quad \cdots \cdots \cdots (2.1)$$

電流は電気伝導率 σ、面積 S、電位勾配 $\left(\dfrac{dV}{d\ell} : 電界\right)$ の積に比例します。

(4) 熱伝導率

熱の伝えやすさを示す熱伝導率 λ_h は熱抵抗 R_h の逆数となります。同図(b)のように高温側の温度 T_1 から低温側の T_2 に向かって熱量 $Q_h[W]$ が流れているとすれば、電流と同じく流れる熱量は $Q_h = \dfrac{T_1 - T_2}{R_h}$ となります。熱抵抗も電気抵抗と同じく形状と熱伝導率 λ_h によって決まり $R_h = \dfrac{1}{\lambda_h} \cdot \dfrac{\ell}{S}$ となります。熱伝導率とは高温源から低温源に効率よく熱を伝達するための指標となります。これより流れる熱量 Q_h は次のようになります。

第2章　ノイズ源と熱源及び流束

$$Q_h = \lambda_h \cdot S \cdot \frac{T_1 - T_2}{\ell} \quad\quad\quad\quad\quad\quad\quad\quad\quad (2.2)$$

式(2.2)より流れる熱量は物質の熱伝導率、熱が伝導する断面積と温度勾配との積によって決まることがわかります（フーリエの法則）。これより熱流束 J_h は $J_h = \frac{Q_h}{S} = \lambda_h \cdot \frac{T_1 - T_2}{\ell}$ [W/m^2] となり、熱伝導率 λ_h と温度勾配 $\frac{T_1 - T_2}{\ell}$ の積によって決まります。式(2.1)と式(2.2)を比較すると電気も熱も同じ形になっていることがわかります。電気伝導も熱伝導も電子の動き（電子の運動エネルギーの流れ）に関係するので、電子が動きやすい金属ほど電気伝導率も熱伝導率も大きくなります。電気伝導率と熱伝導率は固体、液体、気体の順に小さくなります。

〰〰〰〰〰〰〰〰〰〰〰〰〰〰〰〰〰〰〰〰〰〰〰

2.6　対流と放射

(1) 対流による熱の移動（対流熱伝達率）

図2-12のように発熱源 W_h の固体の表面（表面積 A）の温度を T_s とし、熱を運ぶ流体（例：空気）の温度を T_f とすれば、自然対流によって固体表面から空気によって熱が運ばれます。これは固体表面の電子の運動エネルギーが流体の運動エネルギーに変換（交換）されて運ばれるメカニズムとなります。この固体表面と流体との間の熱交換を対流熱伝達と呼び、その効率は対流熱伝達率 h [W/m^2℃] で表すことができます。

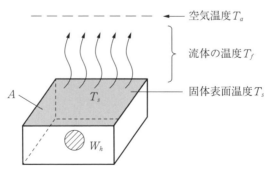

図2-12　対流による熱の移動（固体-流体間）

2.6 対流と放射

いま、流体によって熱が運ばれ、空気の温度が T_a になったとすれば、固体表面から移動する熱量 $\left(\dfrac{Q_h}{A}\right)$ は固体表面の温度と空気の温度の差に比例します（ニュートンの冷却則）。つまり $\dfrac{Q_h}{A} \propto (T_s - T_a)$ となり、比例定数を対流熱伝達率 h とすれば、$\dfrac{Q_h}{A} = h \cdot (T_s - T_a)$ が成り立ちます。つまり、対流による熱の移動量 Q_h は次のようになります。

$$Q_h = h \times A \times (T_s - T_a) \quad\cdots\cdots\cdots\cdots\cdots\cdots\cdots\cdots\cdots\cdots\cdots\cdots (2.3)$$

移動できる熱量は熱伝達率 h と表面積 A、温度差 ΔT（$= T_s - T_a$）の積で決まることになります。対流による熱インピーダンス Z_h は $Z_h = \dfrac{Q_h}{\Delta T}$ より $Z_h = \dfrac{1}{hA}$ となります。熱インピーダンス Z_h を小さくするためには表面積 A を大きく、対流熱伝達率 $h[\mathrm{W/m^2 ℃}]$ を大きくすればよいことになります。熱の移動量 Q_h を大きくするためには、冷却方式（流体の種類や流速、流れる方向など）によって $(T_s - T_a)$ を大きくする、放熱面の形状や姿勢による面積 A を大きくすることが必要となります。熱流束 J は $J = h \cdot (T_s - T_a)$ となるので、熱流束を大きくするには対流熱伝達率 h が大きい流体（空気より水）を使う、$(Ts - Ta)$ を大きくするためには自然冷却より、流体の温度を下げることができる強制冷却のほうが熱エネルギーを多く運ぶことができます。さらには蒸発方式（熱源からの高温蒸気を冷却してもとに戻す—熱交換、ラジエータ方式、流体（冷媒）を閉じ込めたヒートパイプ方式）によって熱流束を大きくすることができます。

(2) さまざまな物質の熱伝導率、電気伝導率、熱伝達率

表2-2(a)は金属材料、樹脂材料、空気について電気伝導率 σ と熱伝導率 λ_h の比較を示したものです。金属の電気伝導率と熱伝導率は電子の運動エネルギーを介して行われるので電気伝導率と熱伝導率は比例します。電子機器ではプリント基板のパターンや金属には銅、アルミや鉄などが、シールド材料には電界波をシールドする場合はアルミ、磁界波をシールドする場合は磁性材料（鉄系）などが使用されます。これらの材料が熱の伝導や対流、熱放射に関わります。同表(b)には流体（空気と水）の熱伝導率 λ_h、自然対流や強制対流状態における熱伝達率 h の大まかな値を示しています。

39

熱量となります。ちなみに、太陽から地球に届くエネルギーは地球表面に垂直に入射した場合に約1366[W/m²]となります。60℃の放射熱量の約2倍となります。この熱放射によって伝達される熱効率を放射熱伝達率［W/m²℃］と呼びます。この値が大きいほど熱放射によって放出される熱量は多くなります。黒体の放射率は1ですが、実際の固体の放射率は材質や表面の状態、温度や熱放射の波長によって異なる値を示します。光沢のある金属表面では小さく、光沢のない金属（さびている、つやがないなど）や非金属では大きく、黒い色のほうが大きな値となります（黒アルマイト処理したものでは1に近い値）。

2.7 信号回路からコモンモードノイズ電流が発生するメカニズム

(1) ノーマルモード成分の一部がコモンモード成分となる

図2-14(a)では信号源Vから負荷Zに信号電流I（ノーマルモード電流）が流れ、ノーマルモード成分のみとなります。同図(b)では信号から負荷までの配線にインピーダンスがあり、それぞれZ_ℓ、Z_{ab}（a-b間）とすれば、信号源か

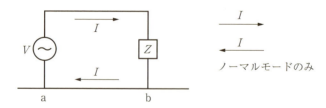

(a) a-b間のインピーダンスがゼロのとき

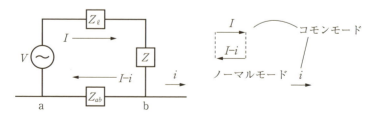

(b) a-b間のインピーダンスZ_{ab}によるコモンモード成分iの発生

図2-14 信号回路からコモンモードノイズ電流の発生

2.7 信号回路からコモンモードノイズ電流が発生するメカニズム

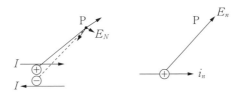

(a) ノーマルモードとコモンモードによる電界

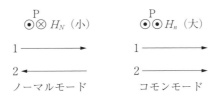

(b) ノーマルモードとコモンモードによる磁界

図 2-15 信号電流（ノーマルモード）とコモンモード（ノイズ）による電界と磁界

ら流れる電流 I は負荷を通り、リターンの分岐 b 点まで流れてきます。a-b 間にはインピーダンス Z_{ab} があるので送信した信号はすべて戻れず、回路の外部に電流 i となって流れます。これがコモンモードノイズ電流（意図しない電流）となります。回路内にも同じ量のコモンモードノイズ電流が発生することになります。このことよりコモンモードノイズ電流は信号電流から生じたものであることがわかります。

(2) ノーマルモードとコモンモードによる電界と磁界

図 2-15 はノーマルモード成分とコモンモード成分による電界と磁界の発生する様子を示したものです。同図(a)のノーマルモード電流 I（+と-）によってP点に生じる電界はそれぞれ逆方向になり合成した E_N は小さくなります。その大きさは+と-が近づくほど小さくなります。一方、コモンモードノイズ電流による電荷によって生じる電界 E_n はプラス電荷のみであるために大きくなります。同図(b)は2本の配線にノーマルモード電流が流れているときとコモンモードノイズ電流が流れているときには、図 2-9 で示した考え方と同じになります。コモンモードノイズ電流を低減するためには、図 2-14(b)に示す回路ループのインピーダンス（Z_ℓ と Z_{ab}）を最小にすることが必要となります。

2.8 ICの発熱とEMCとの関係

(1) ICに流れるスイッチング電流によって生じる熱

図2-16(a)のIC回路内は2つのスイッチS_1とS_2で表すことができます。ICの出力がHiレベルのときスイッチS_1がオンして負荷電流は抵抗R_Hを通して実線のように流れて負荷C_Lを充電します。出力がLoレベルになるとスイッチS_2がオンして負荷に充電された電荷から放電電流が抵抗R_Lを通して点線のように流れます。

同図(b)は周期T、立上り時間t_r、立下り時間t_f、電圧Vの信号波形(パルス)、負荷電流i、ICで消費する電力Pの波形を示しています。この斜線で示

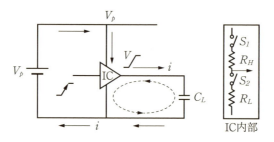

(a) ICから負荷に流れる電流

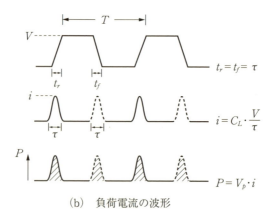

(b) 負荷電流の波形

図2-16 スイッチング電流によって発生する熱

した電力の波形（面積）が IC で消費され電力となります。この電力 P は電源電圧 V_p と回路に流れる電流 i の積となります。信号電圧 V と負荷 C_L との関係は、信号波形の立上り時間 t_r と立下り時間 t_f を等しく τ とおけば、負荷電流は時間 τ だけ流れるので、$i \cdot \tau = C_L \cdot V$ となります。したがって、IC で消費される電力 P は次のようになります。

$$P = V_p \cdot i = V_p \cdot C_L \cdot \frac{V}{\tau} \quad \cdots\cdots\cdots\cdots\cdots\cdots\cdots\cdots\cdots\cdots\cdots\cdots\cdots (2.6)$$

この IC から発生する電力（熱量）は、電源電圧 V_p と負荷 C_L、信号電圧 V、信号波形の立上り時間 τ によって決まることになります。したがって、電源電圧 V_p が大きいほど、負荷容量 C_L が大きいほど、信号電圧の立上り時間 τ が短いほど（周波数が高い）大きくなることがわかります。いま、電源電圧 $V_p = V$ として、立上り時間 τ に負荷電流 i が抵抗 R_H とキャパシタ C_L を流れることによる遅れ時間 $\tau = C_L \cdot R_H$ とすれば、式(2.6)は $P = \left(\dfrac{V_p}{R_H} \right)^2$ となり抵抗回路に電圧を印加したときの消費電力となります。

EMC では電圧波形や電流波形がノイズ放射や受信に影響するので重要となります。そこで信号電圧の変化 $\dfrac{V}{\tau} = \dfrac{dV}{dt}$ とすれば、式(2.6)は次のように書き換えることができます。

$$P = V_p \cdot C_L \cdot \frac{dV}{dt} \quad \cdots\cdots\cdots\cdots\cdots\cdots\cdots\cdots\cdots\cdots\cdots\cdots\cdots (2.7)$$

これより、回路で消費される電力は、電源電圧 V_p、負荷 C_L（負荷が抵抗 R_L なら $i^2 \cdot R_L$）、信号電圧の立上りや立下りの特性で決まることになります。したがって、消費電力を低減するためには、回路の電源電圧を低くする、負荷（この場合はキャパシタ）を小さくする、信号電圧の立上りと立下り時間を大きくすることになります（なまった波形）。こうした理由から電子機器の EMC と熱の問題は共通に考えることができます。

第3章

EMCと熱に関する
インピーダンスの考え方

3.1 インピーダンスとは何か、なぜインピーダンスを 考えるか

(1) インピーダンス（impede、impedance）とは

　電流が流れる経路、電磁波が伝搬する経路、熱が伝導や伝搬（対流や放射）する経路、熱を運ぶ流体が流れる経路に対する流れやすさや流れにくさはインピーダンスとして考えることができます。EMC 設計も熱設計もインピーダンスを低減することにあります。ここでインピーダンスとは「圧」に対する「流れ」の比とされています。いま、EMC と熱の分野に限定すると、「圧」として電圧をかけたときに「電流」が流れ、電磁波においては「電界」から「磁界」の流れが生じ、熱では「熱源」から「熱流」が流れます。したがって源の圧に対する流れ（流束）の比（インピーダンス）をすべて求めることができます。

(2) 電子機器の基本構成

　電子回路を構成する基本要素には抵抗 R とインダクタンス L とキャパシタンス C があります。電子機器で使用する金属（筐体、シャーシ、フレームなど）や電子回路の配線（パターン）は**図 3-1**(a)のように幅 w、厚み t、長さ ℓ の形状で表すことができ、抵抗成分 R とインダクタンス成分 L を持ちます。抵抗 R は材料の抵抗率 ρ、電流が流れる断面積 S、長さ ℓ によって決まります $\left(R = \rho \cdot \dfrac{\ell}{S} \right)$。一方、自己インダクタンス L_s $\left(\text{電流 } I \text{ を流したときに自身の配線を囲む磁力線の総数 } \phi \text{ との比 } L_s = \dfrac{\phi}{I} \right)$ は長さ ℓ に比例して、長さ ℓ と幅 w の比の

47

第3章　EMCと熱に関するインピーダンスの考え方

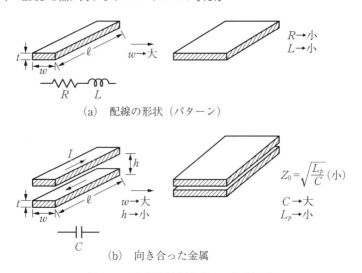

図3-1　電子機器を構成する基本要素

対数によって決まり、$L_s = \dfrac{\mu_0}{2\pi}\left(\ln\dfrac{2\ell}{w+t}+0.5\right)$ と表すことができます。抵抗と同じように長さ ℓ と厚み t をそのままにして幅 w のみ大きくすると、自己インダクタンス L_s も小さくなります。

次に同図(b)のようにそれぞれの金属やパターンを距離 h だけ向かい合わせるとキャパシタとなり、キャパシタンス C は対向する面積 S と距離 h と電極間に挿入された誘電体（誘電率 ε）によって決まります。いま、幅 w を大きく、距離 h を小さくするとキャパシタンス C は大きくなります。同図(b)では同じ面積の金属が向かい合っていますが、幅 w、長さ ℓ、厚み h の寸法を変えると信号回路、電源回路、プリント基板PCBと対向する筐体などを実現することができます。したがって、最も理想的なキャパシタの構造について理解することが重要となります。キャパシタンス C が大きくなれば交流インピーダンス $Z = \dfrac{1}{\omega C}$ は小さくなり、このパターンを信号電流 I が流れるときの特性インピーダンス Z_0 は $Z_0 = \sqrt{\dfrac{L_p}{C}}$（$L_p$ は信号が流れるループのループインダクタンス L_p）と表すことができるので、特性インピーダンスも小さくなります。この特性インピーダンスは信号の波（電磁波）を電極間に閉じ込める能力を示す指標と考

48

3.1 インピーダンスとは何か、なぜインピーダンスを考えるか

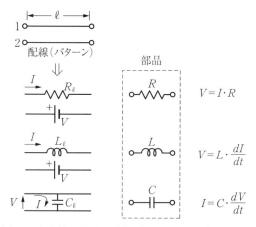

(a) 回路配線や部品の動作（波形に対する）

(b) 熱インピーダンスによる動作

図 3-2　回路素子と熱インピーダンス

えることができます。特性インピーダンスが小さくなる（C が大きく、L_p が小さい）と信号の波は電極間に閉じ込められるため外部に漏れる量が少なくなります（後述）。また、外部から侵入する電磁波も少なくなります。

(3) 抵抗 R、インダクタンス L、キャパシタ C と熱インピーダンス Z_h

　電子機器で使用される配線（パターン）を回路素子に置き換えると**図 3-2**(a)のようになります。抵抗 R は流れる電流 I に抵抗する、その力 V は抵抗 R に比例して $V=I\cdot R$ となります。インダクタも流れる電流 I に抵抗するが、その抵抗する力 V はインダクタンス L と電流の時間変化 $\dfrac{dI}{dt}$ によって決まり $V=L\cdot\dfrac{dI}{dt}$ となります。配線間に流れる電流 I はキャパシタンス C と配線間に印加した電圧の時間変化 $\dfrac{dV}{dt}$ によって決まり、$I=C\cdot\dfrac{dV}{dt}$ となります。これらの抵抗 R、インダクタンス L、キャパシタンス C の分布は単位長さ当たりとなりますので、単位を cm とすれば、抵抗は $R[\Omega/\mathrm{cm}]$、インダクタンスは $L[\mathrm{H/cm}]$、キャパシタンスは $C[\mathrm{F/cm}]$ となります。配線にはこれらの素子が分布することになります（分布定数）。また回路に使用する部品も同じように抵抗、イン

第3章　EMCと熱に関するインピーダンスの考え方

なり、媒質のみで決まることになります。このことは空間を信号の波（電磁波）が進む状態にほぼ等しいと言えます。

(2) 電磁波のインピーダンス

図3-3(b)のスイッチ回路において、スイッチSを閉じて電圧Vを印加すると電界Eが生じて伝導電流Iと電界が生じたところに変位電流が流れ、伝導電流による磁界と変位電流による磁界Hが生じて、電磁波が空間に放射されます。このときの電磁波のインピーダンスZ_wは電界E[V/m]を磁界H[A/m]で割ると求められ、次のようになります。

$$Z_w = \frac{E}{H} = \sqrt{\frac{\mu}{\varepsilon}} \ [\Omega] \quad \cdots\cdots\cdots\cdots\cdots\cdots\cdots\cdots\cdots\cdots\cdots\cdots (3.2)$$

これより電磁波のインピーダンスは電界Eと磁界Hの大きさの比で、電磁波が伝搬する空間の媒質によって決まることになります。式(3.1)で$\frac{d}{w}$が1、つまり$d=w$のときには信号伝送路の特性インピーダンスと電磁波のインピーダンスは等しくなります。電磁波のインピーダンスZ_wは磁界に比べて電界が大きい場合は大きくなり、電界に比べて磁界が大きい場合は小さくなります。同図(b)のスイッチ回路は電磁波の大きさPと出力インピーダンスZ_wの回路に置き換えることができます。

3.3　EMCと熱のインピーダンス

(1) 電気抵抗と熱抵抗

図3-4(a)の電気抵抗Rは金属の形状、材料の抵抗率ρ、断面積S、長さℓによって決まり$R = \rho \cdot \frac{\ell}{S}$となり、電流$I$が流れると電圧$V$を生じます。熱抵抗は同図(b)に示す断面積$A$、長さ$\ell$、熱伝導率$\lambda_h$（熱の伝わりやすさ）の物質とすれば断面積と熱伝導率に反比例し、長さに比例するので次のようになります。

$$R_h = \frac{1}{\lambda_h} \cdot \frac{\ell}{A} \quad \cdots\cdots\cdots\cdots\cdots\cdots\cdots\cdots\cdots\cdots\cdots\cdots\cdots\cdots (3.3)$$

熱抵抗R_hにQ_h[W]の熱量が流れたときに両端の温度差をΔTとすれば、$\Delta T = R_h \cdot Q_h$となります。熱抵抗R_hの単位は[℃/W]、つまり1[W]の熱量が

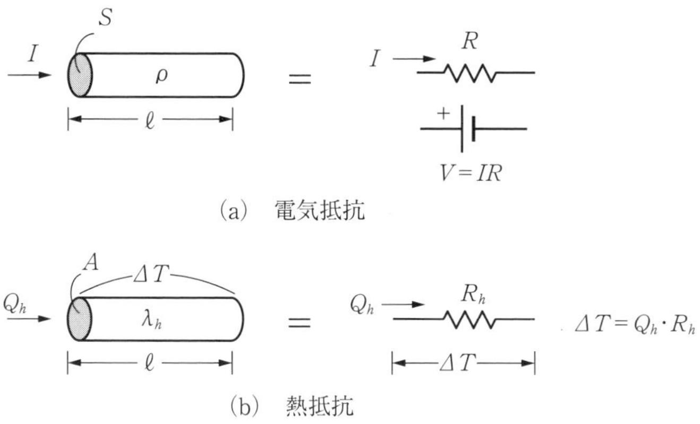

3.3 EMC と熱のインピーダンス

(a) 電気抵抗

(b) 熱抵抗

図3-4　電気抵抗と熱抵抗

流れたときの両端の温度差を表しています。例えば、熱抵抗2[℃/W]の金属線に10[W]の熱量が流れると20℃の温度差が生じることになります。熱抵抗を小さくしていくとこの温度差を小さくすることができます。このことは一定の温度差にするとすれば熱抵抗が小さいほど、熱をたくさん移動することができることになります。

(2) 自己インダクタンスの性質とインピーダンス

自己インダクタンス L_s は長さに比例して、半径や幅の大きさに対して指数関数的に減少します $\left(L_s \fallingdotseq 2 \times 10^{-7} \ell \left[\ln \left(\frac{2\ell}{r} \right) - 1 \right] [\text{H：ヘンリー}] \right)$。したがって、電子機器等の長さのあるところはすべて自己インダクタンスを持つことになります。図3-5(a)に示す半径 r、長さ ℓ の配線に電流 I を流したときに磁力線 ϕ[Wb：ウエーバー] が流れる経路の周囲長を ℓ_ϕ、磁力線が流れる断面積を S_ϕ とすれば、自己インダクタンスは $L_s = \frac{\phi}{I} = \mu \cdot \frac{S_\phi}{\ell_\phi}$ と表すことができます。この自己インダクタンス L_s の配線に電流 I が流れると磁力線 ϕ を妨げる（電流を流すまいとする方向）方向の力 $V = L \cdot \frac{dV}{dt}$ が配線に生じます。

この力が逆起電力でインダクタンスによるインピーダンスとなります。回路理論では正弦波に対するインピーダンスは $Z = j\omega L$ で流れる電流に対して抵抗する力は $V = j\omega L \cdot I$ となります。EMCではデジタルクロックのような時間的に変化する波形 $\left(\frac{dI}{dt} \right)$ を扱うのでこのように $V = L \cdot \frac{dI}{dt}$ で表現することが適して

53

第3章 EMCと熱に関するインピーダンスの考え方

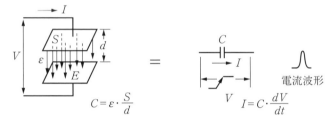

(a) 自己インダクタンスと逆起電力

(b) キャパシタンスと変位電流

図3-5 インダクタンスとキャパシタンス

います。ノイズ電流が流れる経路にインダクタンスを挿入するとインピーダンスが大きくなりノイズ電流を低減することができます。一方、これまでに述べたように信号回路のループのインダクタンス $L_p(L_s-M)$ が大きくなるとノーマルモード電流からコモンモードノイズ電流に変換される割合が多くなるのでEMC性能が悪くなります。

(3) キャパシタンスの性質とインピーダンス

図3-5(b)は面積 S の金属板が距離 d だけ離れて向かい合ったキャパシタを示しています。キャパシタンス C は金属板の面積 S に比例し、距離 d に反比例する、またその間に存在する誘電体の誘電率 ε の大きさに比例し、$C=\varepsilon\cdot\dfrac{S}{d}$ と表すことができます。

キャパシタに電圧 V を印加すると電極間に流れる変位電流は $I=C\cdot\dfrac{dV}{dt}$ となります。インダクタンスと同じように正弦波の電圧 V を加えたときに流れる電流 I の比がインピーダンスで $Z=\dfrac{1}{j\omega C}$ となり、流れる電流 I は $j\omega C\cdot V$ となります。

EMCではデジタルクロックのような時間的に変化する波形 $\left(\dfrac{dV}{dt}\right)$ を扱う

54

ので $I = C \cdot \dfrac{dV}{dt}$ で表現することが適しています。キャパシタンスの値が大きいほど、電圧の時間変化が大きいほど電流が多く流れるためインピーダンスは小さくなります。

3.4 熱の伝搬形態における熱インピーダンス

(1) 熱伝導

図3-6(a)のように熱量 Q_h が表面積 A、高温側 T_h（a点の温度）から長さ ℓ だけ離れた低温側 T_L（b点の温度）に流れ、a-b間の温度差を $\varDelta T$、熱伝導率

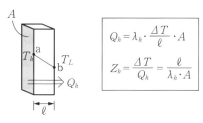

(a) 熱伝導

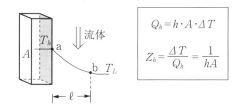

(b) 熱伝達（対流）

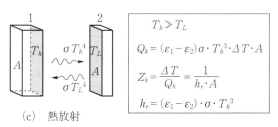

(c) 熱放射

図3-6 熱の伝搬形態による熱インピーダンス

の圧力 P は力 f を面積 S で割ったものなので、$P=\dfrac{f}{S}$ となり式(3.12)は $\dfrac{f}{S}=Z_f \cdot v$、$f=(Z_f \cdot S) \cdot v$ となり、力学的インピーダンス $f=Z \cdot v$ に一致します。

3.6 相互インダクタンスとループインダクタンス

これまで自己インダクタンス L_s がありましたが、インダクタンスには相互インダクタンスとループインダクタンスを含めて少なくとも3つあります。図3-9は相互インダクタンス M とループインダクタンス L_p の考え方を示したものです。いま、電流が配線1から配線2にループとなって流れるとき、配線1に流れる電流によって生じる磁力線は配線1を囲むとともに（逆起電力 $V_1 = L_1 \cdot \dfrac{dI}{dt}$）、そのうちの一部の磁力線が配線2を囲みます（配線2に生じる逆起電力 $V_M = M \cdot \dfrac{dI}{dt}$）。また、配線2を流れる電流によって生じる磁力線は自身の配線2を囲むとともに（逆起電力 $V_2 = L_2 \cdot \dfrac{dI}{dt}$）、配線1を貫きます（配線1に生じる逆起電力 $V_M = M \cdot \dfrac{dI}{dt}$）。こうして配線1と配線2はお互い磁力線が影響し

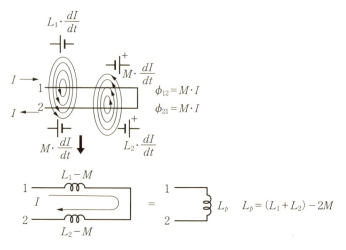

図3-9 相互インダクタンスとループインダクタンス

合い、それぞれの配線に生じる磁力線は逆方向となるので減少（自己インダクタンスの減少）してそれぞれ L_1-M と L_2-M となります。ループインダクタンス L_p とは配線1から配線2までのすべての長さにわたってループインダクタンスを合計したもので、$L_p=L_1+L_2-2M$ となります。配線1に生じる逆起電力 V_1 は $V_1=(L_1-M)\cdot\dfrac{dI}{dt}$、配線2に生じる逆起電力を V_2 とすれば、$V_2=(L_2-M)\cdot\dfrac{dI}{dt}$ となります。配線1に流れる電流による磁力線と配線2に流れる電流による磁力線の方向は逆方向となり、配線1と配線2のループによって外部の空間に生じる磁力線は相殺され少なくなります。配線1と配線2を近づける（M を大きく）ほど、配線内部の磁力線が多くなり配線の外部空間に生じる磁力線数 ϕ は少なくなります（EMC 性能の向上）。

3.7　直列接続と並列接続によるインピーダンス

（1）インダクタンスとキャパシタンスの並列接続

EMCでは自己インダクタンス L_s と相互インダクタンス M によって決まるループインダクタンス L_p がインピーダンスを決めるので、この値を小さくするためには信号電流が流れるループの長さを最小にすることが必要となります。図3-10(a)のように配線の単位長さ当たりのインダクタンスを L_0 とすれば、長さが3倍では $3L_0$ となります。同図(b)のように並列に接続された場合には $\dfrac{L_0}{3}$ と小さくなります。インダクタンスは並列に接続すると小さくなり、キャパシタンスは同図(c)のように並列に接続すると大きくなります。

（2）熱インピーダンスの直列接続と並列接続

熱が伝導・対流・放射する経路は多岐に及び、固体、気体、液体などすべてに用いることができますが、基本接続の組合せは直列接続と並列接続（またはその組合せ）の2つになります。図3-11(a)の直列接続の場合は、熱が一方向に伝達するのでどこか熱伝導率が悪いところがあれば、そこから先は熱流が流れにくくなるので、もっとも大きな熱インピーダンスの値を小さくすることを考えなければならない。その方法には、もっとも大きな熱インピーダンスに並列に熱インピーダンスの小さな材料を使用する、熱の伝熱面積を増やす、伝達

(3) インピーダンスを下げて電荷も熱もバイパス

図3-14はインピーダンスを低減することによってノイズ電荷と熱をバイパスをする方法を示したものです。同図(a)にはICの電源部にノイズ電荷（ノイズ電圧 V_n）があり、GNDには少ないとすれば電荷によって電界が放射されます。またICのインピーダンスを Z_{IC} とすれば、IC内部にノイズ電流が流れてICの動作に悪影響を与えます。そこでICに並列にキャパシタ C を接続してインピーダンスを下げれば、ノイズ電流はインピーダンスの低いキャパシタ C の方を流れてICへの影響は最小となります。

一方、同図(b)で必要な温度差 ΔT を確保するとき、熱インピーダンス Z_h が大きいと移送できる熱流 Q_h が少なくなってしまいます。この熱インピーダンス Z_h よりさらに小さい熱インピーダンス Z_p を持つ材料を並列に接続すると、熱流 Q_h は熱抵抗が低い Z_p をバイパスして多く流れることになります。このようにバイパス経路のインピーダンスを小さくすることによって電荷も熱もより多く移動することができます。

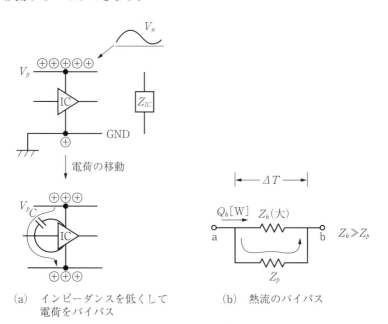

(a) インピーダンスを低くして電荷をバイパス　　(b) 熱流のバイパス

図3-14　インピーダンスを低くして電荷と熱をバイパス

3.9 EMCと熱に関するシステムインピーダンス図

(1) 熱源から筐体までのシステムインピーダンス図

図 3-15(a)は電子機器の熱源 W_h（温度 T_h）から筐体（筐体外部の周囲温度 T_a）までの熱の流れを伝導、対流、放射の3つの形態で表したものです。これらの現象を熱インピーダンスの接続で表すと、伝導による熱抵抗 R_{h1}、対流による熱インピーダンス Z_c と放射による熱インピーダンス Z_r、及び熱源から筐体へ伝導による熱抵抗 R_{h2} の並列接続、もっとも小さい筐体の熱抵抗 R_a が直列に接続されたもので、同図(b)のような回路で表すことができます。この回路では次の式が成り立ちます。

$$T_h - T_a = Q_h \cdot [(R_{h1} + Z_r /\!/ Z_c) /\!/ R_{h2} + R_a] \quad \cdots\cdots\cdots\cdots (3.13)$$

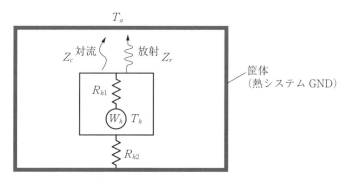

(a) 熱源から筐体までの熱の移動

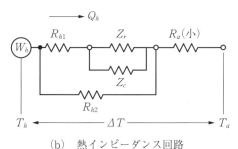

(b) 熱インピーダンス回路

図 3-15 熱源−筐体間のインピーダンス図

第3章　EMCと熱に関するインピーダンスの考え方

ここで記号//は並列接続を表します。直列に接続されているところはすべての抵抗を小さく、並列接続の部分はどちらかの熱インピーダンスを小さくしないと熱源の温度を下げることができなくなります。R_{h1}を小さく、並列接続のZ_c（対流）かZ_r（放射）のどちらかを小さくするか、熱源から筐体への熱抵抗R_{h2}を小さくするかの方法が考えられます。

(2) ノイズ源から筐体までのシステムインピーダンス図

コモンモードノイズ源V_nから筐体の外部に放射されるノイズP_nまで含めたシステム図を示すと**図3-16**(a)のようになります。コモンモードノイズ源V_nから伝搬経路のインピーダンスZ_cにノイズ電流が流れ、長さのある配線（ノイズ電荷Q_n）から変位電流が空間に流れます。筐体（－）に流れる経路のインピーダンスをZ_1とすれば、ノイズ電荷Q_nからの電流はこのZ_1を経由して筐体に流れてノイズ源V_nに戻ります（コモンモードノイズ電流i_n'）。コモンモードノイズ電流が流れる筐体のインダクタンスをL_c、筐体からノイズ源まで戻る電流の経路のインピーダンスをZ_2とすれば、同図(b)のような回路となります。

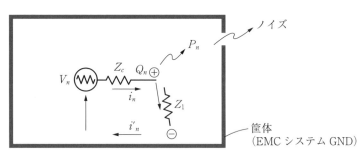

(a) ノイズ源V_nから放射されるノイズ

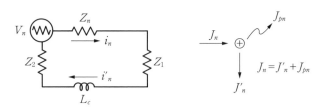

(b) コモンモードノイズ電流が流れる経路

図3-16　コモンモードノイズ源－筐体間のインピーダンス図

68

配線から放射されるノイズ P_n を最小にするためには、できるだけ多くのノイズ電流を筐体に流してノイズ源 V_n まで戻さなければならない。そのためには、ノイズ源と筐体間のインピーダンス Z_1 と Z_2 を最小（ノイズ源と筐体間を近づけてキャパシタンスによるインピーダンスを最小）にする、筐体のインダクタンス L_c を最小（幅広く、短く）にする必要があります。筐体はコモンモードノイズ電流が戻る経路（筐体がコモンモードノイズの基準：EMC システム GND）となるので、PCB と筐体間に生じるキャパシタのインピーダンスを最小にすると、$J_n = J_n'$（最大）$+ J_{pn}$（最小）となります。そのためには PCB と筐体間の距離は最小にする、筐体はできるだけ幅広で自己インダクタンスの小さな金属にすることが必要となります。

3.10　インピーダンスミスマッチングは放射と圧力損失に関わる

(1) 信号の変形（ひずみ）

図 3-17(a)では、信号波 V が特性インピーダンス Z_0 の伝送路から負荷 Z_L に入射すると、b 点でインピーダンスが異なるため反射が発生します。入射波 V_1

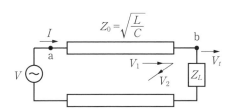

(a) 信号伝送路の特性インピーダンスと信号の反射

(b) 反射によって変化した波形（損失）

図 3-17　反射による信号波形の劣化（インピーダンスミスマッチング）

第3章　EMCと熱に関するインピーダンスの考え方

に対する反射波 V_2 の割合（電圧反射係数 ρ_v）は次のようになります。

$$\rho_v = \frac{V_2}{V_1} = \frac{Z_L - Z_0}{Z_L + Z_0} \quad \cdots\cdots\cdots\cdots\cdots\cdots\cdots\cdots\cdots (3.14)$$

電流の反射係数 ρ_i は電圧反射係数 ρ_v と逆符号の関係で $\rho_i = -\rho_v$ となります。負荷に透過する電圧波 V_t はb点に入射波と反射波が同時に存在するので次のようになります。

$$V_t = V_1 + \rho_v \cdot V_1 = \frac{2Z_L}{Z_L + Z_0} \cdot V_1$$

入射した電力 P_1（$V_1 \cdot I_1$）に対して反射した電力 P_2（$V_2 \cdot I_2$）の割合は、次のようになります。

$$\frac{P_2}{P_1} = -\left(\frac{Z_L - Z_0}{Z_L + Z_0}\right)^2 \quad \cdots\cdots\cdots\cdots\cdots\cdots\cdots\cdots (3.15)$$

透過する電力 P_t は $V_t = (1 + \rho_v) \cdot V_1$、$I_t = (1 - \rho_v) \cdot I_1$ より次のようになります。

$$P_t = V_t \cdot I_t = (1 - \rho_v)^2 \cdot P_1 \quad \cdots\cdots\cdots\cdots\cdots\cdots\cdots\cdots (3.16)$$

いま、電圧反射係数 ρ_v が $\frac{1}{3}$ のときには、$P_t = \frac{8}{9} P_1$ となり、$\frac{1}{9} P_1$ が入力側に戻り、熱となり消滅することになります。

同図(b)には反射が発生することによって信号波形が変化する様子を示しています。波形が変化することは理想的な波形に高周波成分を含む波形が発生して、これが加わったことと（高周波のノイズエネルギーの増加）考えることができます。また反射が起こることは信号伝送路内に共振現象（直列共振と並列共振）が生じることなので、信号伝送路がアンテナとなって電磁波を放射する、コモンモードノイズ電流が発生するなどEMC性能が悪くなります。

(2) 流体の変形

流体が流れる管路のインピーダンス Z_0 は圧力 P[Pa] と流速 v[m/s] から $Z_0 = \frac{P}{v}$ [kg/s·m²] となります（**図3-18**(a)）。このインピーダンス Z_0 を変化させる要因には、管路の入り口形状、管路の構造（管路形状、面積、長さ、管路途中の変化など）、流体と管路の接触状況（粘性抵抗）、出口形状などが考えられます。信号回路と同じく流体がインピーダンス Z_0 の管路からインピーダンスが Z_1 と異なる管路に流れると流体の形は変化します。

70

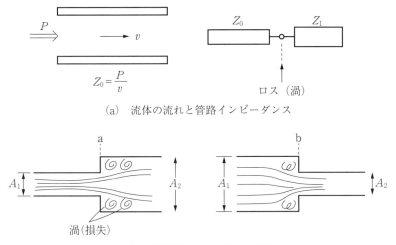

(a) 流体の流れと管路インピーダンス

(b) 形状変化による流体の変形

図 3-18　流体の変形

同図(b)に示すように、狭い断面積 A_1 の管路から広い断面積 A_2 の管路に流体が流れると、境界の a 点では管路のインピーダンスが異なるために流れに変化が生じて渦が発生することが考えられます。また、広い断面積 A_1 の管路から狭い断面積 A_2 の管路に流体が流れると、境界の b 点で流れに変化が生じて渦が発生することが考えられます。このようにインピーダンスが異なるところでは、流体では流れの変化（渦の発生など）によってエネルギーが低下して圧力損失を生じます。したがって、流体でも信号でも流れる経路のインピーダンスが変化しないようにすること（インピーダンスマッチング第 5 章、5.9 参照）が重要となります。

3.11　さまざまなインピーダンス

(1) インダクタンス

インダクタンス L に電流 I が流れたときに生じる逆起電力 V は $V = L \cdot \dfrac{dI}{dt}$ と表すことができます。この式において微分演算子 $\dfrac{d}{dt}$ を $j\omega$ とおけば、$V = Lj\omega I$

となり、インピーダンス Z は $Z=\dfrac{V}{I}=j\omega L$ となります。$V=L\cdot\dfrac{I}{t}=\dfrac{L}{t}\cdot I$ と変形すれば、インピーダンス $Z=\dfrac{L}{t}$ の単位は $[\mathrm{H/s}=(\mathrm{Wb/A})/\mathrm{s}=\mathrm{V/A}=\Omega]$ となります。

(2) キャパシタンス

キャパシタ C に電圧 V を印加すると変位電流 I が流れ、$I=C\cdot\dfrac{dV}{dt}$ と表すことができます。インダクタンスと同じように $\dfrac{d}{dt}=j\omega$ とおくと $I=C\cdot j\omega V$ となり、インピーダンス Z は $Z=\dfrac{V}{I}=\dfrac{1}{j\omega C}$ となります。$I=C\cdot\dfrac{V}{t}$ とおけばインピーダンスは $Z=\dfrac{t}{C}$ となり、単位は $[\mathrm{s/F}=\mathrm{s}/(\mathrm{A\cdot s/V})=\mathrm{V/A}=\Omega]$ となります。

(3) 力学的インピーダンス

力学では $f=m\alpha=m\cdot\dfrac{dv}{dt}$ より $f=m\cdot\dfrac{v}{t}$ として、力 f を加えたときに速度 v が発生するので、インピーダンス Z は次のように考えることができます。

$$f=Z\cdot v$$

これより $Z=\dfrac{m}{t}$ $[\mathrm{kg/s}]$ となり、1 s 間に動かせる質量 $m[\mathrm{kg}]$（質量は動かしにくさ）ということになります（**図 3-19**(a)）。

(4) 流体のインピーダンス

管路に圧力 P_1 によって流体が流れると、管路の入り口形状、管路の構造（管路形状、面積、長さ、管路途中の変化など）、流体と管路の接触状況（粘性抵抗）、出口形状などによって出口の圧力 P_2 は低下します（図 3-19(b)）。この圧力低下（損失）を $\Delta P[\mathrm{Pa}=\mathrm{N/m^2}]$ とすれば $\Delta P=P_1-P_2$ となり、管路の断面積を S として、加わった力を $F[\mathrm{N}]$、流体の速度を $v[\mathrm{m/s}]$、管路インピーダンスを Z_f とすれば、次の式のようになります。

$$F=\Delta P\cdot S=Z_f\cdot v$$

これより管路インピーダンス Z_f は $\Delta P\cdot\dfrac{S}{v}$ $[\mathrm{N\cdot s/m}=\mathrm{kg/s}]$ となり力学的インピーダンスと同じになります。

(5) 熱インピーダンス

熱インピーダンス Z_h は図 3-19(c)のように流れる熱量 $Q_h[\mathrm{W}]$ と生じた温度差 $\Delta T[℃]$ によって決まり、$\Delta T=Z_h\cdot Q_h$ となり、熱インピーダンス Z_h の単位

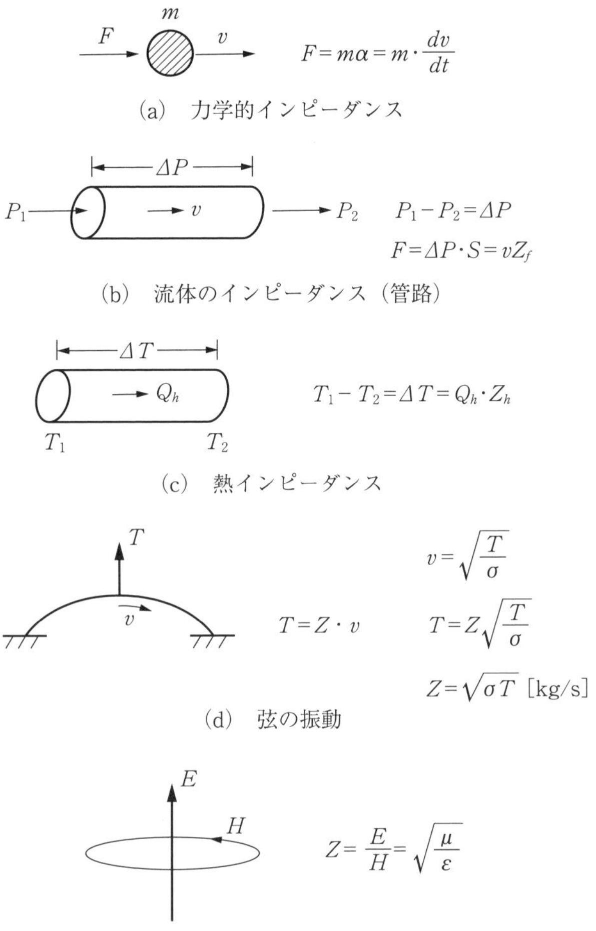

3.11　さまざまなインピーダンス

$F \xrightarrow{\quad}$ m $\xrightarrow{\quad v \quad}$ $\qquad F = m\alpha = m \cdot \dfrac{dv}{dt}$

(a)　力学的インピーダンス

$$\Delta P$$

$P_1 \longrightarrow$ $\xrightarrow{\quad v \quad}$ $\longrightarrow P_2$ $\qquad P_1 - P_2 = \Delta P$

$$F = \Delta P \cdot S = v Z_f$$

(b)　流体のインピーダンス（管路）

$$\Delta T$$

$\xrightarrow{\quad Q_h \quad}$ $\qquad T_1 - T_2 = \Delta T = Q_h \cdot Z_h$

$T_1 \qquad\qquad T_2$

(c)　熱インピーダンス

$T = Z \cdot v$

$$v = \sqrt{\dfrac{T}{\sigma}}$$

$$T = Z\sqrt{\dfrac{T}{\sigma}}$$

$$Z = \sqrt{\sigma T}\ [\mathrm{kg/s}]$$

(d)　弦の振動

$$Z = \dfrac{E}{H} = \sqrt{\dfrac{\mu}{\varepsilon}}$$

(e)　電磁波のインピーダンス

図3-19　さまざまなインピーダンス

は［℃/W］となります。熱の伝達する形態から熱伝導による熱抵抗 R_h、対流による対流熱インピーダンス Z_c、熱放射による放射インピーダンス Z_r があり、それぞれ $R_h = \dfrac{1}{\lambda \cdot A}$、$Z_c = \dfrac{1}{h \cdot A}$、$Z_r = \dfrac{1}{h_r \cdot A}$ となります。

73

(6) 波動インピーダンス（弦の振動）

弦を力 T（張力）でひっぱり、離すと弦は上下に振動して波が伝わります（図3-19(d)）。この波の速度を v、インピーダンスを Z とすれば $T=Z \cdot v$ となります。ここで弦の速度 v は $v=\sqrt{\dfrac{T}{\sigma}}$（$T$[N]、$\sigma$：弦の線密度 [kg/m]）と表すことができます。これより $T=Z \cdot \sqrt{\dfrac{T}{\sigma}}$ となるので $Z=\sqrt{\sigma T}$ となります。σT の単位は [kg/m·N＝kg²/s²] となるのでインピーダンスの単位は [kg/s] となり力学的なインピーダンスと同じになります。

(7) 電磁波のインピーダンス

電磁波のインピーダンスは電界 E[V/m]（電圧 V によって変化する量）と磁界 H[A/m]（電流 I によって変化する量）によって決まり、$Z=\dfrac{E}{H}$ [Ω]（電界 E から磁界 H の発生しやすさの逆数）となり、電気的なインピーダンスに等しくなります。磁界に比べて電界が強いところでは電磁波のインピーダンスは大きく、電界に比べて磁界が強いところでは電磁波のインピーダンスは低くなります。この電磁波のインピーダンスはシールドする材料に影響を与えます。電磁波のインピーダンスが大きいときは電気伝導率の大きなアルミや銅のような金属が、電磁波のインピーダンスが低いところでは透磁率の高い磁性材料が適しています。電波吸収体を用いる場合は、電磁波をうまく吸収する必要があるので、電磁波のインピーダンスと等しいインピーダンス（インピーダンスマッチング）の材料が必要となります。

(8) 筐体構造—接触抵抗とインダクタンス

図3-20(a) は筐体の金属板を貼り合わせたときの空隙部によって接触抵抗（あらゆる場合に適用することができる）が生じた状態を示しています。この空隙部ができると空気の熱伝導率が金属に比べて大幅に小さくなるので放熱特性が劣化します。このような状況を避けるためには、金属の接触を広い範囲にわたり面接触にする、金属を貼り合わせたときに伝導性グリースまたは伝導性シートを使用することによって熱的なインピーダンスを小さくする方法が考えられます。EMCへの影響も、このような空隙があると接触している面積が少なく自己インダクタンス L_s が増加してコモンモードノイズ電流が流れにくく

3.11 さまざまなインピーダンス

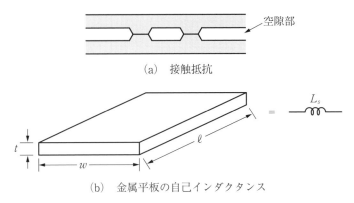

(a) 接触抵抗

(b) 金属平板の自己インダクタンス

図 3-20　筐体の接触抵抗とインダクタンス

なる（システム GND のインピーダンスが大きくなる）、イミュニティ試験において静電気電流（例、1 ns あたり電圧 5000 V を印加）が流れると大きな逆起電力 $\left(V = L_s \cdot \dfrac{di}{dt}\right)$ が生じて、電子機器内部の回路への電磁放射や静電気電流が筐体を通して大地に流れにくくなる現象が生じて、EMC 性能が低下してしまいます。

　同図(b)のような幅 w、厚み t、長さ ℓ の金属平板の自己インダクタンスの値は、$L_s = 2 \times 10^{-7} \ell \left[\ln\left(\dfrac{2\ell}{w+t}\right) + 0.5 \right]$ [H] となります。インダクタンス L_s は長さ ℓ に比例し、長さと幅の比の対数に比例します。熱性能と EMC 性能をともに向上させるためには熱インピーダンス（熱抵抗）及び電気的インピーダンス（電気的な抵抗でなく自己インダクタンス）を最小にする必要があります。

第4章

EMCと熱に関する基本法則

4.1 EMCの基礎となる電磁気に関する基本法則

(1) 電荷源から電界の発生

図4-1(a)は時間的に変動する電荷源 $\dfrac{dQ}{dt}$ から電気力線が湧き出す現象を表したもので、電気力線の密度が電界 E となります。電荷 Q の単位体積当たりの電荷密度を $\rho[\mathrm{C/m^3}]$、電荷が存在する領域の誘電率を ε とすれば、$\dfrac{\rho}{\varepsilon}=\mathrm{div}\,E$ と表すことができます（div はベクトル記号で発散（湧き出し）を示しています）。電荷源を囲む表面積で電気力線をすべて足し合わせると、それは内部から発生する電気力線に等しいことを示しています（ガウスの法則）。これより電界 E を少なくするためには、電荷密度 ρ を小さくすること、電荷が存在する領域の誘電率 ε を大きくすればよいことがわかります。

いま、単一の電荷 $+Q$（コモンモードノイズの電荷）が小さな領域に集中しているとき、距離 r における電界 E の強さは、ガウスの法則を用いて $4\pi r^2 \cdot E$（半径 r の球の表面積の電気力線の総本数）$=\dfrac{Q}{\varepsilon}$（電荷源からの総本数）より、$E=\dfrac{Q}{4\pi\varepsilon r^2}$ となり、距離の2乗で減衰します（電荷は集中して分布させると有利）。

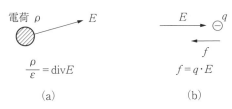

図4-1 ガウスの法則とクーロン力

これに対して電荷が長さ ℓ の線に分布（アンテナと同じ）したときの線電荷密度を $\rho_\ell [\mathrm{C/m}]$ とすれば、電界が半径 r の円筒状の表面に分布するとしてガウスの法則を用いると $2\pi r \cdot \ell \cdot E = \dfrac{Q}{\varepsilon}$ となり、求める電界は $E = \dfrac{\rho_\ell}{2\pi\varepsilon r}$ となります。距離 r に比例して減衰するアンテナによる電界と同じになります。このことより配線の長さは最小にしなければならないことがわかります。

(2) クーロン力

電界は電気的な力を持つ電気力線の集まりなので、マイナスの電荷 q があれば、電荷は電界 E とは逆の方向に力 f を受けます（図4-1(b)）。これらの間には $f = q \cdot E$ の関係があり、電界が電荷に及ぼす力でクーロン力と呼ばれています。例えば、プリント基板のGNDパターン上にコモンモードノイズ電荷（プラス電荷）があるとき、この電荷から発生する電界が筐体（シャーシ、フレーム）などの金属内の電子に力を及ぼし、マイナス電荷を引き寄せ筐体の表面上にはマイナスの電荷が現れ、コモンモードノイズ電荷とこのマイナス電荷間に電界が生じて、変位電流が流れます。

(3) 電流から磁界の発生（アンペール・マクスウエルの電流則）

電流には金属の中を流れる伝導電流 J_c（$J_c = \sigma E$）と金属以外の空間を流れる変位電流（電界の時間的変化）J_d $\left(J_d = \varepsilon \cdot \dfrac{dE}{dt}\right)$ があります。図4-2(a)は変位電流 J_d が流れるとアンペールの法則によって磁界 H が右方向に回転して発生します（電界から磁界の発生）。このことをベクトル記号で示すと $J_d = \mathrm{rot}\, H$（rotは回転）と表すことができます。伝導電流 J_c が流れても同じように磁界 H

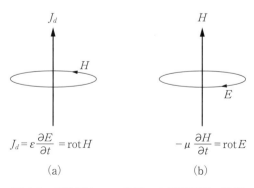

図4-2　電流則とファラデーの電磁誘導の法則

4.1 EMC の基礎となる電磁気に関する基本法則

が発生します（$J_c = \mathrm{rot}\, H$）。これがアンペール・マクスウエルの電流則と呼ばれるものです。

(4) 磁界から電界の発生（ファラデーの電磁誘導の法則）

図4-2(b)はある場所（透磁率 μ）で磁界 H が時間的に変化 $\left(\dfrac{\partial H}{\partial t}\right)$ すると電界 E が左回転（マイナス記号）して発生します。これがファラデーの電磁誘導の法則です。このことは伝導電流 J_c や変位電流 J_d が流れて磁界 H が発生すると、この磁界変化によって電界 E が発生することになります。このように電界から磁界が発生し、さらに磁界から電界が発生するサイクルが繰り返されて電磁波が発生することになります。

この電磁誘導の現象は信号回路自身でも起こり（自己誘導）、信号回路から別の回路に磁界が侵入しても起こります（相互誘導）。EMC はこの自己誘導によるコモンモードノイズ源の発生（図4-6）、相互誘導によるクロストーク、電磁ノイズの受信（イミュニティ）など、ファラデーの電磁誘導の法則と大きく関わりがあります。

(5) 電磁波の発生

図4-3(a)は x 軸方向に振動する電界波 E と y 軸方向に振動する磁界波 H としたときに電磁波が z 軸の方向に進む様子を示したものです。電界波 E と磁界波 H のベクトル積（外積）の大きさは $P = E \cdot H\,[\mathrm{W/m^2}]$ となり、単位面積当たりの電力が電磁波によって運ばれます。電界 E の単位は ［V/m］なので電子回路の電圧 V に関わり、磁界 H の単位は ［A/m］なので電子回路に流れる電流に関わります。

電子回路では一般的に電圧 V を小さくすると回路に流れる電流も少なくなります。つまり電界 E を小さくすると磁界 H も同時に小さくなります（逆に電流を少なくして磁界 H を小さくしても、変動する電荷量も少なくなるので電界 E も小さくなります）。このように電界 E と磁界 H は同時に変化することがわかります。また、外部から電磁波を受信する場合も、ノイズエネルギー（電力）を最小に受信するためには回路のループの面積を最小にしなければならないことがわかります。

同図(b)は1本の配線に信号を加えて電流 I を流したときの様子を示したもの

79

第4章　EMCと熱に関する基本法則

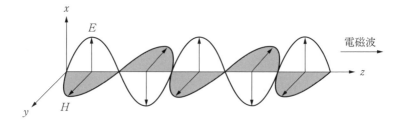

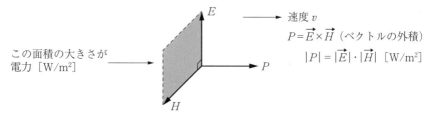

(a)　電磁波の形

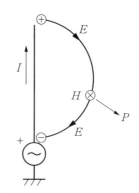

(b)　電磁波の発生

図4-3　電磁波の発生と伝搬

です。信号（＋）が加えられると信号の近くには電子（マイナス）が集まり、離れたところには⊕の電荷が多くなり、電界Eは図のようにプラス電荷からマイナス電荷に向けて生じます。電流Iが流れることによって磁界Hが紙面表から紙面裏の方向（⊗）に生じます。電界Eから磁界Hのベクトルを回転したベクトルP（$E \times H$）が電磁波の進む方向となります。こうして1本のアンテナ

から電磁波が放射されることになります。配線の長さが短くなると⊕と⊖の電荷が近づき外部に生じるベクトルは相殺されることになるので、合成された電界の大きさは小さくなります。これがアンテナを短くすると電磁波の強度が低下する理由となります。

4.2 回路の配線間に電磁波を集める方法

(1) 電界の密度を高める方法

図4-4は回路の配線間に電界と磁界を最大効率で集める方法を示すためのものです。同図(a)の信号源 V_s、伝送路を流れる電流 I、負荷 Z の回路構造を理想的な状況で表現すると面積 S を持った金属が距離 h で向かい合っているものとして表すことができます（同図(b)）。いま、信号源が動作するとその力によってプラスの電荷（⊕）が下側電極から上側電極に移動（実際は電子が逆方向に移動する）して上側の電極はプラス電荷が多くなり、下側の電極はマイナスの電荷が多くなります。それぞれの電荷から距離 r_+、r_- だけ離れた点の電界を合成すると E_n の大きさと方向を持った電界が生じます。一方、電極内部を見

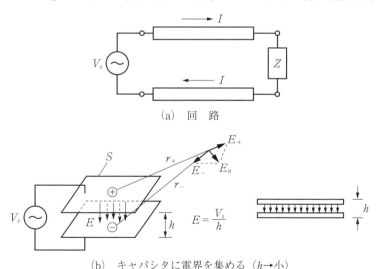

図4-4　回路内の電界密度を大きくする

第 4 章　EMC と熱に関する基本法則

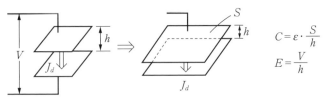

(a) 電界密度を高める方法（J_d が増加）

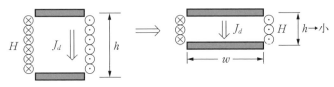

(b) 磁界密度を高める方法

図 4-5　電界密度・磁界密度を高める方法（EMC 性能向上）

るとプラス電極からの電界 E（実線）とマイナス電極に入り込む電界 E（点線）は同じ方向で加算され電極内部の電界の密度は高くなります。さらに内部の電界密度を高くして、外部の電界密度を低くするにはプラス電荷とマイナス電荷を最小の距離まで近づける。そのための方法には物理的な距離 h を最小にする方法があります。

(2) 磁界の密度を高める方法

図 4-5(a) のように電極間の距離を近づけるとキャパシタ内部の電界 $E\left(\dfrac{V}{h}\right)$ の密度が大きくなり変位電流 J_d が多く流れ、同図(b)のようにアンペールの法則（$J_d = \mathrm{rot}\, H$）により磁界が発生し、電極の幅 w が大きいほど磁界の発生する周囲長は長くなり、電極間の距離 h が小さいほど、変位電流 J_d は大きくなります。これによって電極周辺に発生する磁界 H が集中して大きくなり、電極から離れたところに発生する磁界が少なくなります。

4.3　逆起電力がコモンモードノイズ源となる

図 4-6(a) は信号 V_s が印加されると回路に電流 I が流れ、回路内部には磁力線（磁力線の密度が磁界）が発生します。回路の内部に発生する磁力線の総数

4.3 逆起電力がコモンモードノイズ源となる

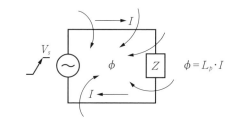

(a) 回路ループに生じる磁力線総数 ϕ

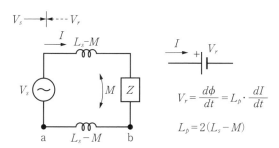

(b) 回路ループに生じる逆起電力 V_r

図 4-6 逆起電力がノイズ源

ϕ（本）は電流 I に比例することになります。この比例定数が回路ループのループインダクタンス L_p となり、次のようになります。

$$\phi = L_p \cdot I \quad \cdots\cdots (4.1)$$

この磁力線 ϕ が回路を貫くと、回路にはこの磁力線の変化を妨げる方向に起電力 V_r が発生します（ファラデーの自己誘導の法則）。この起電力が信号電流を流す V_s と逆向き（力学で言えば反作用に相当）となります。

同図(b)の回路のループインダクタンス L_p は自己インダクタンスを L_s、配線間の相互インダクタンスを M とすれば、$L_p = 2(L_s - M)$ となります。回路の a-b 間はその半分の $L_s - M$ となります。したがって、a-b 間に生じる逆起電力 V_r は次のようになります。

$$V_r = \frac{d\phi}{dt} = \frac{L_p}{2} \cdot \frac{dI}{dt}$$

$$= (L_s - M) \cdot \frac{dI}{dt} \quad \cdots\cdots (4.2)$$

については次のような式になります。

$$P_{in} = W_h + Q_h + P_h \quad \cdots\cdots\cdots (4.5)$$

式(4.5)で P_h は EMC では特にノイズとなって放射しやすい高周波成分を扱うため、この電力は少ないので、P_h による熱のエネルギーは W_h や Q_h に比べて無視できると考えられます。

4.5 熱の伝わりやすさに関する基本法則

(1) フーリエの法則（熱伝導）

図 4-8 のように物体内部を伝導する熱流束 q_h は温度勾配 $\dfrac{T_1 - T_2}{x}\left(\dfrac{dT}{dx}\right)$ に比例するので次のように表すことができます（−は距離が離れると温度が下がる方向）。

$$q_h = -\lambda \cdot \frac{dT}{dx} \quad \cdots\cdots\cdots (4.6)$$

λ [W/m℃] は熱伝導率で、この値が大きいほど熱の良導体となります。いま、温度差（$T_1 - T_2$）の断面積 A、厚み x の導体に熱流束 q_h [W/m²] が流れると、伝熱量 Q_h [W] は熱流束 q_h に断面積 A を掛けて次のようになります。

$$Q_h = q_h \cdot A = -\lambda \cdot A \cdot \frac{T_1 - T_2}{x}$$

(2) ニュートンの冷却法則（対流）

図 4-9 のように物体の表面積を A [m²]、表面温度を T_s [℃] として物体から

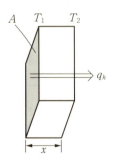
図 4-8　フーリエの法則（伝導）

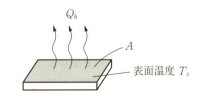
図 4-9　ニュートンの冷却法則（対流）

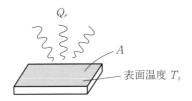

図4-10　ステファン・ボルツマンの法則（放射）

放熱される熱量を Q_h[W]、周囲温度を T_a[℃] とすれば、放熱される熱量は温度差と放熱表面積に比例するので、次のようになります。

$$Q_h = h(T_s - T_a) \cdot A \quad \cdots\cdots\cdots\cdots\cdots\cdots\cdots\cdots\cdots\cdots\cdots\cdots\cdots (4.7)$$

比例定数を対流熱伝達率 h[W/m²℃] と呼び、この値が大きいほど、流体と物体間の熱移動能力は大きくなります。

(3) ステファン・ボルツマンの法則（熱放射）

図4-10 の高温物体の表面温度を T_s、表面積 A、放射率を α（物体の表面状態によって異なる）とすれば、放射される熱量 Q_r はステファン・ボルツマンの法則によって次のようになります。

$$Q_r = \alpha \cdot \sigma \cdot A \cdot T_s^4 \quad \cdots\cdots\cdots\cdots\cdots\cdots\cdots\cdots\cdots\cdots\cdots\cdots\cdots (4.8)$$

σ はボルツマン定数（5.67×10^8[W/m² K⁴]）、放射される熱は物体の温度[K：ケルビン]の4乗に比例し、波長は 1 μm 以上の赤外線領域（熱線）となります。これに対して人間の目で見える可視光線の波長領域は約 0.3〜0.8 μm となります。したがって、波長によって放射効率が異なり、黒体が最大の放射能力を持ちます。

4.6　渦の考え方とそのエネルギー

(1) 磁界の渦

図4-11(a)ではアンペール・マクスウエルの電流則によって電流 J（伝導電流 J_c や変位電流 J_d）が流れると磁界 H が回転します（$J = \mathrm{rot}\, H$）。このことは電流が流れると磁界の渦ができることを意味しています。渦の半径が小さいほど磁界のエネルギーが大きく、広がるほど磁界のエネルギーは低下していきます

第4章　EMCと熱に関する基本法則

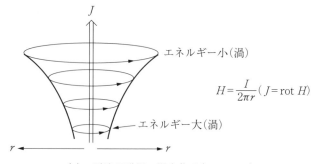

(a)　電流が磁界の渦を作る（$J=\mathrm{rot}\ H$）

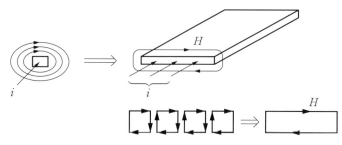

(b)　渦のエネルギーを閉じ込める

図 4-11　磁界（渦）のエネルギーの放出を少なくする

$\left(H=\dfrac{I}{2\pi r}\right)$。

　同図(b)のように伝導電流 $J\left(=\dfrac{i}{S}\right)$ が流れる経路の面積を大きく（GND パターンであれば幅を広く）すれば磁界 H は小さくできます。この方法は電流が幅広の領域に均等に流れたとすれば（図では4つの小さなループ）、アンペールの法則によって右回りにエネルギーの大きな磁界が回転するが、隣同士のベクトルは打ち消し合うので周辺部分の磁界 H が残ります。これは磁界のエネルギーの大きな渦を幅広の金属の近傍に閉じ込めて、空間に放射される磁界を少なくする方法です。

(2) 電界の渦

　図 4-12(a)は磁界が変化したときにファラデーの電磁誘導の法則によって電界の回転（渦）ができる $\left(-\mu\dfrac{\partial H}{\partial t}=\mathrm{rot}\ E\right)$ 状況を示しています。この電界 E（渦）が長さ ℓ を回転すると $E\times\ell[\mathrm{V}]$ 電圧を発生させ、電流が流れます。磁界

4.6 渦の考え方とそのエネルギー

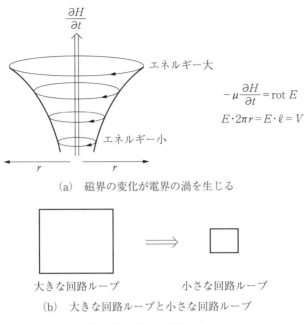

(a) 磁界の変化が電界の渦を生じる

(b) 大きな回路ループと小さな回路ループ

図 4-12 磁界の渦を受ける回路（イミュニティ）

H の影響を受ける場合は、渦の半径が小さいところほど影響が少なくなることがわかります。電界の回転（rot E）の単位は $[V/m^2]$ なので、回路面積が小さいほどエネルギーが小さく、受け取る電圧も小さくなります。

同図(b)のように大きなループの回路と小さなループの回路があった場合は、小さなループの方が受け取る電界 E は小さくなります。イミュニティにおいて磁界による影響を少なくするためには、回路ループは小さく（周囲長を短く）しなければならない。

(3) 循環の概念（磁界の回転による渦とボールの回転による渦）

図 4-13 は磁界と流体の循環（渦）の概念を示したものです。同図(a)では電流 J が流れると磁界 H の渦（$J = \text{rot } H$）ができ、ノーマルモード電流 J が流れる 2 本の信号ラインの配線内部の渦は加算され、配線外の空間では渦が打ち消されて磁力線の密度が低下します（ノイズの低減）。

一方、流体では同図(b)のように右回転しているボールが循環のない流れの

第4章 EMCと熱に関する基本法則

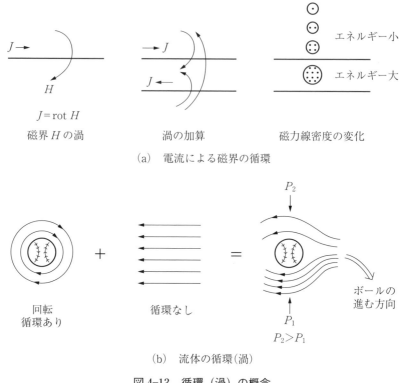

図 4-13 循環（渦）の概念

中に入ると、ボールの上側は流線のベクトルが向かい合い小さくなり（速度が遅く）、ボールの下側では回転の渦と流線のベクトルが重なり合い流れが速くなります。その結果、ボールの上側の圧力 P_2 はボールの下側の圧力 P_1 より大きくなり（第8章、8.5 ベルヌーイの定理を参照）、ボールの進む方向は矢印のように進みます。

4.7 EMCにおける回路と力学の対応

図 4-14 は回路と力学の関係を示すためのもので、同図(a)には質量 m に速度変化 v を与えることは力を必要とし、$f = m\alpha = m \cdot \dfrac{dv}{dt}$（ニュートンの法則）の関係があります。質量に力を加えると反作用（加えた方向の力と同じ大きさで

4.7 EMCにおける回路と力学の対応

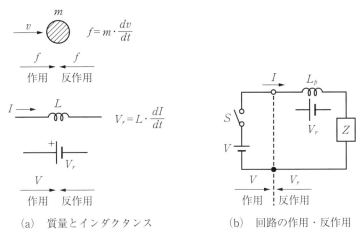

(a) 質量とインダクタンス　　(b) 回路の作用・反作用

図 4-14　回路と力学の対応

逆方向)が発生します。これを電気回路で考えると質量 m に相当するインダクタンス L、速度 v に電流 I が対応して、その力 V_r（逆起電力）は $V_r = L \cdot \dfrac{dI}{dt}$ と表すことができます。力学の運動量 p は $p = mv$、回路の運動量は $\phi = L_p \cdot I$ となるので、力学の運動エネルギー K は $K = \dfrac{1}{2}mv^2$、これに相当する回路のエネルギー U は $U = \dfrac{1}{2}L_p I^2$（電磁エネルギー）となります。このエネルギーが大きいと放射ノイズが多くなります。EMC性能をよくするには、回路の運動量を小さくしなければならない。そのためには回路のループインダクタンス L_p を最小に、信号電流 $I\left(\dfrac{dI}{dt}\right)$ を最小（高周波の電流を低減する）にする必要があります。

同図(b)では電源 V が回路に作用し、回路の周囲長のループインダクタンス L_p によって発生する逆起電力 V_r が反作用（$V = V_r$）と考えることができます。EMCではこの反作用を最小にしなければならない。スイッチ S を投入した短い時間 dt には配線内部の電荷 q に電界 E が作用して電荷に振動を与えます（クーロン力）。このことは入力した電力 P_{in} は時間 dt における電圧の変化 dV と電荷 q によって決まり、$P_{in} = q \cdot \dfrac{dV}{dt}$ [W] となります。したがって入力電力を少なくする（作用力を小さくする）ためには電圧の時間変化 $\dfrac{dV}{dt}$ を最小にする必要があります。

第5章　ノイズ源と熱源への対策

ノイズの放射と回路を伝搬する経路、熱の空気中への対流と金属部分（配線等）を伝導する経路はインピーダンスによって影響を受けます。

ノイズや熱を受信する部分ではノイズを受信して回路の誤動作、故障が生じる、また伝導する熱や対流する熱、放射される熱の影響を受けてノイズと同じく回路の誤動作、故障、寿命低下などが生じます。この受信部はノイズの影響を受けやすいアナログ回路や微弱信号回路、高インピーダンス回路、センシティブなデジタル回路等、一方、熱の影響を受けやすい温度定格の低い電子部品を使用している回路はすべて熱の影響を受けることになります。

電子機器には面積の広い金属の筐体（フレーム、シャーシなど）があります。この筐体を流れる伝導電流、筐体からのノイズの放射、筐体からの放熱があります。EMC設計でも熱設計でもシステムGNDとなる筐体は重要となります。外部からのノイズや熱も筐体（筐体の開口部も含めて）から内部に侵入して誤動作も引き起こします（イミュニティ能力が必要）。

EMCではノイズ源からの放射と伝導を最小にして電子機器から放射されるノイズエネルギーを最小にすることです。一方、熱設計においては熱源から伝導する熱と放出される熱を効率よく筐体などを通して外部空間に輸送（放出）することです。そのための詳細な条件が設計するときに必要となります。

5.2　ICのスイッチング電流がEMC設計と熱に与える影響

（1）ICのスイッチング電力

図5-2はICの内部のスイッチング回路（1素子）を示したものです。IN端子に大きさV、立上り時間t_r、周期Tのクロックが入力されると、OUTがハイレベルのときには上部のスイッチが閉じて電源Vからの電流i_pがキャパシタCに流れ込みます。立上り時間t_rにキャパシタCに蓄積される電荷Qとの関係は次のようになります。

$Q = i_p \cdot t_r = C \cdot V$から、

94

5.2 IC のスイッチング電流が EMC 設計と熱に与える影響

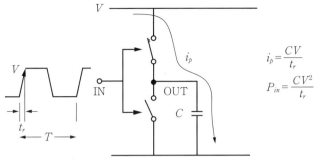

図 5-2 IC 1 素子の等価回路

$$i_p = C \cdot \frac{V}{t_r}$$

したがって、立上り時間に IC に入力される電力 P_{in} は n 素子あれば n 倍となり、次のようになります

$$P_{in} = n \cdot i_p \cdot V = n \cdot C \cdot \frac{V^2}{t_r} \quad \cdots\cdots\cdots\cdots\cdots\cdots\cdots\cdots\cdots (5.1)$$

式(5.1)から IC に入力される電力はキャパシタ C(IC の負荷となる)と電源電圧 V の 2 乗に比例して、立上り時間 t_r に反比例します。負荷のキャパシタンス C が大きいほど、電圧 V が高いほど、立上り時間 t_r が短い(クロック周波数が高くなるほど)ほど、回路素子が多いほど回路に投入されるエネルギーは多くなり、ノイズ源も熱源も大きくなることになります。いま、立上り時間 t_r を周期 T の 10 %、$t_r = 0.1T$ とすれば、$P_{in} = 10C\dfrac{V^2}{T} = 10CV^2 \cdot f$ となります。$C = 50$ pF、$V = 5$ V、$f = 100$ MHz、$n = 1000$ とすれば、$P_{in} = 1250$ W $= 1.25$ kW となります。この電力は 100 W の電球 12 個が点灯しているときとほぼ同じとなります。

(2) IC に流れるスイッチング電流

図 5-3(a) には IC の内部をハイレベル側の ON 抵抗を R_H、ローレベル側の ON 抵抗を R_L として、振幅 V の信号電圧の立上りと立下りの部分にスイッチング電流 i_s が流れます。この電流は IC 内部の抵抗 R_H と R_L の両方を流れます。スイッチング電流 i_s は電源電圧 V_p とすれば $i_s = \dfrac{V_p}{R_H + R_L}$ となるので、抵抗で消

第5章　ノイズ源と熱源への対策

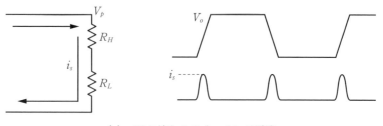

(a) ICに流れるスイッチング電流

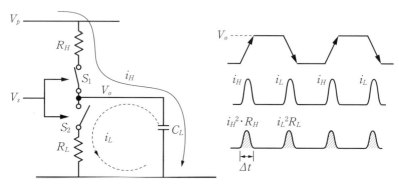

(b) ICから負荷に流れる充放電電流

図 5-3　スイッチング電流と負荷電流

費される電力 P_τ は次のようになります。

$$P_\tau = i_s^2(R_H + R_L) \quad\quad\quad\quad\quad\quad\quad\quad\quad\quad\quad\quad\quad\quad (5.2)$$

　スイッチング電流によってIC内部に発生する熱量は、スイッチング電流 i_s の2乗とON抵抗 R_H と R_L の大きさによって決まります。EMCの性能をよくするためにはこのスイッチング電流が少ないこと、スイッチング電流の立上りがゆっくりであれば、高周波スペクトル成分は小さくなります。このスイッチング電流はICによってそれぞれ異なり、高速に動作するIC（デジタルクロック周波数が高い）ほどスイッチング電流は多くなります。

(3) ICの負荷に流れる電流

　図 5-3(b)はICから負荷に流れる電流の形を示したものです。入力信号 V_s が印加されると出力電圧 V_o（$V_o = V_p - i_H \cdot R_H$）が生じて、負荷 C_L に負荷電流 i_H の電流が流れます。ICの内部の抵抗 R_H に発生する熱は信号の立上り時間に相

5.3 デジタルクロック波形の高調波エネルギー

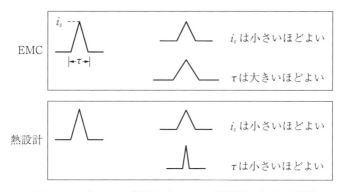

図 5-4　スイッチング電流が EMC と熱設計に与える影響

当する時間 Δt だけなので、発生する熱量は斜線部で $i_H^2 \cdot R_H$ となります。次に IC の出力がローレベルになると充電されたキャパシタ C_L から電流が点線のように流れ、このとき発生する熱量は $i_L^2 \cdot R_L$ となります。特に i_H は電源から負荷に流れるので大きなループを流れるノーマルモード電流です（この流れる経路を短くするために IC の電源と GND 間に接続するキャパシタ C がその役割を果たします）。これに対して負荷 C_L から放電される電流 i_L は IC と負荷の経路（キャパシタ C があるときと同じ経路）を流れることになります。

(4) スイッチング電流波形が EMC と熱設計に与える影響

EMC 性能をよくするためには、図 5-4 に示すように電流の波高値 i_s は小さいほど、また波形の立上りと立下り時間 τ は大きいほどよいことになります。熱設計でも波高値 i_s は小さいほどよいが、回路の効率（例：スイッチング電源）をよくするためには電流が流れている時間 τ が小さいほど熱の損失を少なくすることができます。ここが EMC 設計と相反することになります。

5.3 デジタルクロック波形の高調波エネルギー

図 5-5 はデジタル回路で使用される台形波とその高調波スペクトルを示したものです。振幅 A、周期 T、デューティ比 $\dfrac{P}{T}$、波形の立上り時間 t_r、立下り時間 t_f（$t_r = t_f$）の台形波をフーリエ級数に展開すると、その周波数スペクトルは

第 5 章　ノイズ源と熱源への対策

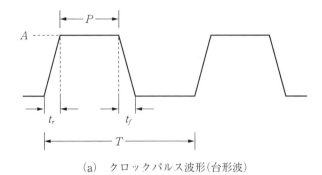

(a)　クロックパルス波形(台形波)

(b)　クロックパルスのスペクトル

図 5-5　デジタルクロックの高調波スペクトル（EMC と熱に及ぼす影響）

同図(b)のように振幅レベルは $2A\dfrac{P}{T}$ で周波数 $f_1=\dfrac{1}{\pi P}$ までは一定、それ以降 20 dB/dec $\left(\text{周波数が 10 倍になると振幅が}\dfrac{1}{10}\text{に低下}\right)$ のカーブで減衰し、パルスの立上り時間で決まる周波数 $f_2=\dfrac{1}{\pi t_r}$ から 40 dB/dec $\left(\text{周波数が 10 倍になると振幅が}\dfrac{1}{100}\text{に低下}\right)$ で急激に低下する特性となります。IC が高速になり立上り時間や立下り時間が小さくなると、波形の立上り時間 $\dfrac{dV}{dt}$ が大きくなるので、折れ点周波数 $f_b=\dfrac{1}{\pi t_r}$（t_r は波形の立上り時間）が高域にシフトするので高周波のスペクトルレベルが大きくなります。

　同図(b)の周波数スペクトルを低減することが EMC 設計でも熱設計でも共通しています。パルス波形の立上り時間 t_r は大きいほどよい（波形をなまらす）、高速動作の IC より低速で動作する IC を選定することが重要となります。振幅

98

A が小さくなると低周波から高周波の領域でスペクトルが下がります。デューティ比 $\frac{P}{T}$ を小さくすると振幅は低減するが、第1の折れ点の周波数は $f_1 = \frac{1}{\pi P}$ で決まるため、P を小さくすると折れ点周波数は f_1' に移動します。このことは低周波領域の周波数スペクトルは低減するが高周波スペクトルは変わらないことになります。次に波形の立上り時間 t_r を大きくすると第2の折れ点周波数 $f_2 = \frac{1}{\pi t_r}$ は低い周波数領域の f_2' に移動するために高周波領域のスペクトルが減衰することがわかります。このように波形の立上り時間 t_r や立下り時間 t_f が高周波領域のスペクトルの大きさを決めています。

5.4 ノイズ源と熱源、そのエネルギーの低減方法

図5-6(a)において電流（ノーマルモード電流）が回路のループに流れると、信号 V に含まれる高調波成分のうち特定の周波数 f_n が回路の長さ（周囲長）が1波長（λ）に等しくなったときに、1波長ループアンテナができ、回路（面

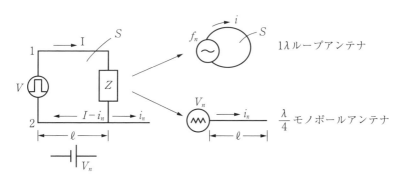

(a) 回路から生じる2つのアンテナ

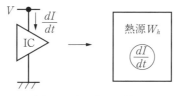

(b) 回路に生じる熱源

図5-6 回路から生じるノイズ源（アンテナ）と熱源

第5章　ノイズ源と熱源への対策

積S）から電磁波が効率よく放射されます。次に回路の長さℓの部分のループインダクタンス(L_s-M)によってノイズ源$V_n=(L_s-M)\cdot\dfrac{dI}{dt}$（逆起電力）が生じ、配線1にはコモンモードノイズ電流i_nが流れて長さℓの$\dfrac{\lambda}{4}$モノポールアンテナとなります。このように回路自体がアンテナとなり電磁波が放射されることになります。こうした電磁波を放射する力となるアンテナの強度を最小にしなければならない。そのためには、回路の周囲長の最短化、回路構造によって決まるループインダクタンス(L_s-M)と信号波形$\dfrac{dI}{dt}$を最小にしなければならない。

　ノイズ源に対して同図(b)の熱源W_hは回路（IC）に流れる電流$\dfrac{dI}{dt}$、つまり電流I（ICの種類やICから負荷に流す電流）の大きさ、周波数f、電流の立上り時間t_r（立下り時間t_f）によって決まります。熱源のエネルギーを小さくするためには、周波数fを低く、電流Iを少なく、電流の立上り時間t_rを大きく、自己インダクタンスL_sを小さく、相互インダクタンスMを大きくすることになります。これらすべてEMCと同じ条件となります。

5.5　信号回路のインピーダンスと伝搬経路の インピーダンス

　図5-7はノイズと熱が伝搬するときの伝搬経路のインピーダンスの考え方を示したものです。同図(a)の信号回路ではループインダクタンス(L_s-M)を最小にしなければならない。ノイズ源からのコモンモードノイズ電流は信号回路を伝搬していきます。この信号回路に同じ方向にコモンモードノイズ電流i_nが流れると同図(b)のように回路のインピーダンスはL_s+Mとなって増加します。その理由はコモンモードノイズ電流が流れると磁力線がもう一方の配線を囲むため相互インダクタンスMが生じ、それぞれのラインには自己インダクタンスL_sによる逆起電力と相互インダクタンスMによる逆起電力の方向が同じとなるため、合成したインダクタンスは増加してL_s+Mとなり、インピーダンスが大きくなります。このように信号回路ループのインピーダンスを小さくする

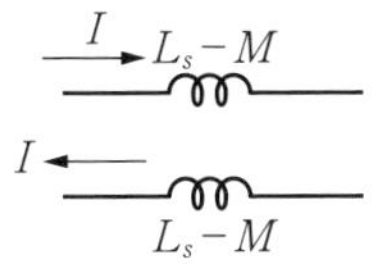

5.6 コモンモードノイズの低減方法

(a) 信号回路のループインダクタンスを小さくする

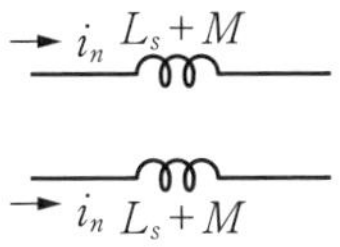

(b) コモンモード電流に対してインピーダンスが高くなる

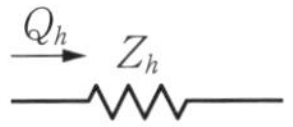

(c) 熱インピーダンスを小さくする

図 5-7 ノイズと熱の伝搬経路のインピーダンス

とコモンモードノイズ電流に対するインピーダンスは自然と増加します。信号回路の配線のインピーダンスでは小さいので、図 5-8 に示すようなコモンモードノイズに対してインピーダンスを大きくする部品を使用します。

　次に熱が伝搬するときの熱インピーダンスを図 5-7(c) のように Z_h で表すと、熱が伝搬する形態には伝導、対流、放射の 3 つがあるが、すべてに対して熱インピーダンスを低くして熱の伝搬を効率よくする必要があります。EMC も熱も伝搬経路の回路構造によるインピーダンスを低減する考えは共通していますが、コモンモードノイズは伝搬しにくくする必要があるため、インピーダンスの大きな部品を使う、熱は効率よく伝達させるために熱インピーダンスを低くする点がコモンモードノイズの伝搬と熱の伝搬に対する考え方が異なります。

5.6　コモンモードノイズの低減方法

　図 5-8 はコモンモードノイズの伝搬経路のインピーダンスを部品を使って大きくする方法です。同図(a) はコモンモードチョークコイルの配線の磁力線が相手側の配線にすべて入り込む（コアに流れ込み伝わるため）ため $L_s \fallingdotseq M$ とな

第5章 ノイズ源と熱源への対策

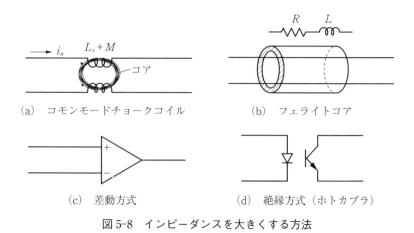

図5-8 インピーダンスを大きくする方法

り、自己インダクタンス L_s と相互インダクタンス M を最大にすることができます。例えば、47 µH インダクタンスを用いると相互インダクタンス M もほぼ 47 µH となり両側とも配線のインダクタンスは $L+M=94$ µH と大きくなります。

同図(b)の方法はフェライトコアを挿入してインピーダンスを大きくする方法です。フェライトコアを挿入することは抵抗 R とインダクタンス L を挿入したことになり、抵抗はコモンモードノイズ電流を熱に変換し、インダクタンス L はインピーダンス $j\omega L$ を大きくします。

同図(c)の差動方式は+に接続されたラインと−に接続されたラインに重畳したノイズ電圧を引き算することによって低減します。

同図(d)の方式は電気信号をLEDによって光信号に変換してホトトランジスタによって受信する方式で、送信側と受信側の電気的なつながりを遮断します。理想的な遮断ならインピーダンスが∞となりますが、送受信間にキャパシタンスが存在するので高周波成分のノイズに対してはインピーダンスが低下してしまいます。

その他にも図示していませんが、トランスによって入力信号によって発生した磁束を2次側に伝達して電気信号に変換して伝送する方式もコモンモードノイズを1次側と2次側で遮断します。ここにも1次と2次間のストレキャパシティが存在します。いずれにしても理想的な部品はないものと考えてよいと思

います。

5.7　スリットが信号の流れと流体の流れに及ぼす影響

(1) 開口部の影響 (EMC)

図 5-9 はプリント基板や筐体にスリットや開口部が存在するときの信号の流れを示したものです。同図(a)で信号電流が流れる経路に対して大きな開口部の場合は流れを妨げる大きなインピーダンスとなることが考えられます。そのため信号電流が回り道をして流れる経路の自己インダクタンス L_s が大きくなり、送信される電流とリターンする電流が離れてしまうために相互インダクタンス M が小さくなり、結果としてループインダクタンス $(L_s - M)$ が大きくなり、大きなノイズ源 V_n となってしまいます。

この影響を避けるために、同図(b)のように小さなスリットに分割すると、信号の流れとリターンがそれほど遠回りをしないで近づくためにインダクタンス $(L_s - M)$ は小さくなり、ノイズ源 V_n は小さくなります。こうしたスリットはアナログ・デジタルの電源や GND の分離など、筐体の開口部に存在します。このようなスリットは効率よくノイズを放射するアンテナ $\left(\dfrac{\lambda}{2}アンテナ\right)$ とな

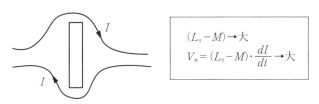

(a) リターンが離れる（大きなスリット）

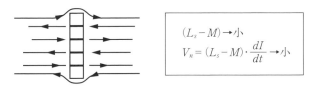

(b) リターンを近づける（小さなスリット）

図 5-9　スリットによる信号のリターン経路

第5章　ノイズ源と熱源への対策

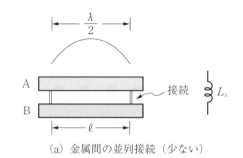

(a) 金属間の並列接続（少ない）

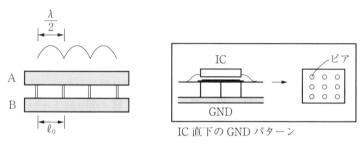

(b) 金属間の並列接続（多い）

図 5-12　金属間接続による EMC 性能と熱性能

接続することにより熱抵抗が小さくなり IC からの熱を基板 GND へより伝導しやすくなります。

(2) 金属接続による熱性能と EMC 性能

図 5-12(a)のように A と B の 2 つの金属を 2 点で接続すると、接続点間の距離 ℓ に $\frac{\lambda}{2}$ の定在波が発生します。また、接続するには長さがあるために自己インダクタンス L_s があります。この配線が細く、長くなると L_s が大きくなり金属 A と金属 B は同電位にならず金属間に電位差（ノイズ電流が流れるため $j\omega L_s \cdot i_n$）が生じ、電界 E となりノイズの放射が考えられます。また熱伝導においても熱抵抗（長さに比例）が大きくなり金属間に熱が伝わりにくくなります。

こうした問題を解決するために、同図(b)のように金属間を結ぶ接続（短く）を増やすことによって自己インダクタンス L_s を接続本数分だけ低減することができます。その結果、高周波に対して金属 A と金属 B は同電位となります（EMC 性能の向上）。また、接続場所の距離も近くなるために $\frac{\lambda}{2}$ の定在波の周

波数も高い領域にシフトします。接続点の数が増えることによって熱抵抗も小さくなります。

同図(b)のようにIC直下にGNDプレーンを作り（ICに近いほどよい）、GNDパターンと多数のビア接続することが実際に行われていますが、これはICのプラスの電荷とGNDからマイナスの電荷をIC直下の近い距離に持ってきて外部空間の電界をICと直下のGNDに集める方法です（電界と磁界の低減）。GND側の高周波のマイナス電荷がIC直下に多く集めるためには電荷の流れを妨げる自己インダクタンス L_s を多数のビアの並列接続によって低減します $\left(9本接続すると \dfrac{L_s}{9} となります\right)$。ICとIC直下のGNDプレーンとの熱抵抗を下げるために熱伝導シートを用いた場合には、ICで発生した熱は熱伝導シート（熱抵抗の小さいものを選ぶ）からIC直下のGND、ビア、基板GNDへと伝導していきます。こうした構造にすることによって、熱が伝搬する経路の熱抵抗を小さくすることができ、熱性能が向上します。

5.9　定在波の発生、インピーダンスマッチングによるノイズ低減

(1) EMC 設計と熱設計への悪影響

定在波（定常波）とは**図 5-13**(a)のような振幅が最小となる位置（1，3，5）と、振幅が最大となる位置（2，4，6）が固定している波です。信号（電圧や電流さらには電力）が伝送する線路でインピーダンスが異なると反射が起こり、波形が変化します。反射信号は繰り返し、伝送路の抵抗成分によって熱に変換されます。これが小信号の場合は熱の問題とならないが、比較的大きな信号の場合（電流が多い、電力が多い）は問題となります。

いま、同図(b)のように電圧波 V_S が信号源インピーダンス Z_S から特性インピーダンス Z_0、長さ ℓ の伝送路を伝搬して負荷インピーダンス Z_L で受信される回路において、電圧波 V_S は伝送路への入射点 a において $V_1 = V_S \cdot \dfrac{Z_0}{Z_S + Z_0}$（$Z_0$ は a 点から伝送路を見たときのインピーダンス）の大きさとなって伝送路に入射され、時間 τ 後に負荷端 b では反射波は $V_2 = V_1 \cdot \dfrac{Z_L - Z_0}{Z_L + Z_0}$ となります。

第5章 ノイズ源と熱源への対策

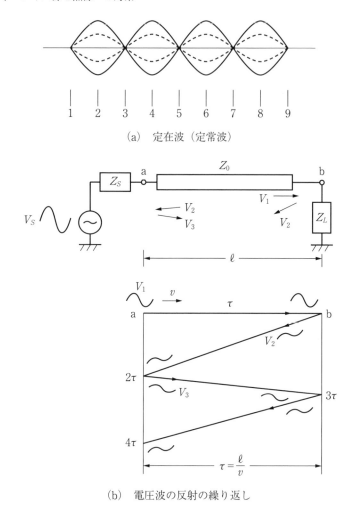

(a) 定在波(定常波)

(b) 電圧波の反射の繰り返し

図5-13 定在波(定常波)の発生メカニズム

この反射波は伝送路を信号源に向かって進み、時間 τ 後に入力端 a に到達すると、ここで信号源インピーダンスと伝送路のインピーダンスが異なるため反射し、反射波 $V_3 = V_2 \cdot \dfrac{Z_S - Z_0}{Z_S + Z_0}$ (反射波から信号源側を見ると負荷インピーダンスは Z_S) となります。この反射波 V_3 は伝送路を進み、負荷端 b に到達すると反射して、信号源側に戻ります。こうして反射が伝送路を伝搬する時間 τ ごとに繰り返され、伝送路には同図(a)のような定在波が発生します。

5.9 定在波の発生、インピーダンスマッチングによるノイズ低減

この反射の現象は信号伝送路がループインダクタンス L_p とキャパシタンス C からなるので、条件によって直列共振（インピーダンスが最小となり伝送線路に電流が最大に流れる—磁界の最大化）と並列共振（インピーダンスが最大になり、伝送線路の電圧が最大になる—電界の最大化）が起こることです。波形の劣化はオーバーシュートとアンダーシュートとなって現れ、例えば $5V$ のクロックを使用していても最大振幅が $8V$ 程度、マイナスレベルが $-2V$ 程度で、最大振幅で約 $10V_{p-p}$ となります。このような信号が次段の IC に印加されると、IC の入力レベルを超え、ダメージを与えます。その結果、短寿命、破損に至り、製品品質へ悪影響が生じます。

(2) 定在波のエネルギーはとびとびの値を持つ

定在波が長さのある導体（伝送路を含む）に生じたときにはノイズを放出する強烈な力（これがアンテナ）となります。図 5-14(a) は長さ ℓ の導体に定在波が生じたとき最大のエネルギーとなる状態を示したものです。いま、長さ ℓ

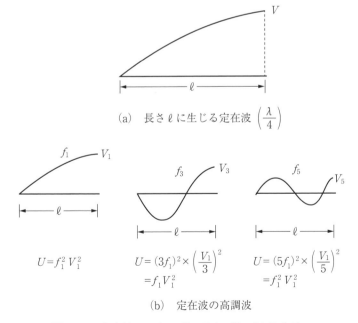

図 5-14 定在波のエネルギーはとびとびの値を持つ

に最大電圧 V の波 $\left(\dfrac{1}{4}\text{波長}\right)$ の波が生じたとすれば、波のエネルギー U は振幅 V の 2 乗と周波数 f の 2 乗に比例するので、$U \propto V^2 \cdot f^2$ となり、電圧 V と電界 E の関係は $E = \dfrac{V}{\ell}$ なので、波のエネルギーは次のようになります。

$$U \propto E^2 \cdot \ell^2 \cdot f^2 \quad\text{……………………………………………} (5.3)$$

式 (5.3) より、波のエネルギーは電界 E の 2 乗、長さ ℓ の 2 乗、周波数 f の 2 乗に比例することになります。

同図 (b) には $\dfrac{\lambda}{4}$ の定在波を基本波としたときの高調波の分布を示したものです。$\dfrac{\lambda}{4}$ の奇数倍つまり $3 \cdot \left(\dfrac{\lambda}{4}\right)$ と $5 \cdot \left(\dfrac{\lambda}{4}\right)$ のときの状態を示しています。高調波のエネルギーについて周波数が 3 倍になれば 9 倍のエネルギーになるが、高調波のレベルも次数に比例して減衰するので、振幅のエネルギーは $\dfrac{1}{9}$ に減衰します。したがって高調波のエネルギーも基本波と同じエネルギーを持つことになります。

(3) 信号のループに発生する定在波と負荷の状態によって異なる周波数の定在波

図 5-15 (a) では信号が流れるループの長さがちょうど信号（高調波）の波長 λ に等しいときには回路のループから波長 λ に相当する定在波が効率よく放射されます。同図 (b) のように負荷のインピーダンスが伝送路の特性インピーダンス Z_0 に比べて非常に大きいとき（図ではオープン）、$\dfrac{\lambda}{4}$ の定在波が発生します $\left(\text{n} \cdot \dfrac{\lambda}{4},\ n = 1, 3, 5, 7, \cdots\right)$。これに対して同図 (c) のように負荷のインピーダンスが特性インピーダンス Z_0 に比べて小さいとき（図ではショート）、伝送路には $\dfrac{\lambda}{2}$ の定在波が生じます $\left(\text{n} \cdot \dfrac{\lambda}{2},\ n = 1, 2, 4, 6, \cdots\right)$。

このように負荷の状態によって伝送路に生じる定在波の波長は変わるので、ノイズとして放射される周波数も異なり、とびとびの値となります。このように伝送路に定在波が発生すると波のエネルギーが大きくなり放射される力が強くなります。

(4) インピーダンスマッチングにより定在波をなくす

インピーダンスマッチングには、送信端のみ、受信端のみ、及び送信側と受信側の両端で行う方法があります。**図 5-16** は信号の送信端に特性インピーダ

5.9 定在波の発生、インピーダンスマッチングによるノイズ低減

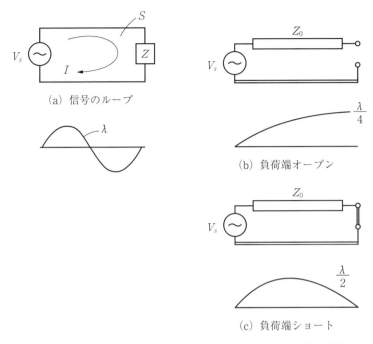

図5-15 波（電磁波）を放射する力が強くなる条件（定在波）

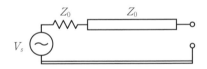

図5-16 定在波の大きさをゼロにする条件
　　　（インピーダンスマッチング）

ンス Z_0 と等しい抵抗 Z_0 を付けてインピーダンスをマッチングする例を示しています。信号 V_s は特性インピーダンス Z_0 の伝送路の入り口で抵抗 Z_0 と特性インピーダンス Z_0 によって分圧され、$\frac{V_s}{2}$ の大きさで伝送路を進みます。信号が受信端に到達するとインピーダンスが大きくなっているため反射します。入射信号 $V_1 \left(=\frac{V_s}{2}\right)$ に対する反射信号 V_r の比は $\frac{V_r}{V_1} = \frac{Z_L - Z_0}{Z_L + Z_0}$ となるので $\frac{V_r}{V_1} = 1$ となり $V_r = \frac{V_s}{2}$ となるので、受信端では入射信号と反射信号が同時に存在するの

111

第5章　ノイズ源と熱源への対策

で、合成すると $\dfrac{V_s}{2} + \dfrac{V_s}{2} = V_s$ となります。これは送信した信号と同じ波形です。

　次に反射した信号が入力端に向かい、入力端ではインピーダンスがマッチングしているので、入力信号 $\dfrac{V_s}{2}$ と反射信号 $\dfrac{V_s}{2}$ が合成されます。ここで反射信号は伝送路を往復したので時間遅れがあります。したがって、合成された信号には遅れ分の段差がある信号となります。伝送路が比較的短い場合は、それほど問題にはならない。入力側だけインピーダンスマッチングする利点は回路に直流信号（クロックのハイレベル）が流れない、直流信号による電力消費がなくなります。特に携帯用電子機器の場合は省エネタイプが必要となります。また、このダンピング抵抗による熱の発生も小信号では少ないと考えられます。

第6章 伝搬経路・筐体への対策

6.1 電子機器のエネルギーの流れ

図6-1は電子機器システムのエネルギーの流れを表しています。入力された電力 P_{in} は回路システムが動作して電子機器から P_{out}（仕事をするためのエネルギー）として出力されます。電子機器が動作すると内部回路から熱損失 Q_L（ロス）となって熱が発生します。この熱量を筐体の表面から伝導によって排出する熱量 Q_1 とファンによって強制的に排出する熱量を Q_2 とします。一方、電子機器システムから筐体の外部に放射される電磁波を P_n とします。この電磁波（高周波）は排出される熱量 Q_1 や Q_2 に比べてはるかに小さい。この電子機器システムにはエネルギー保存の法則を適用することができます。

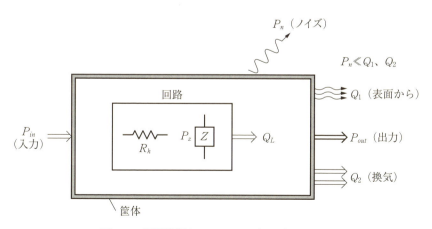

図6-1 電子機器システムのエネルギーフロー

6.3 コモンモードノイズ源の低減と熱インピーダンスの低減

(1) IC とプリント基板 (GND)

図 6-4(a)は厚み h の両面プリント基板に IC が実装されている状態を示しています。IC が動作した状態ではプラスの電荷があり、IC の直下に GND プレーンとビアで接続した GND パターン（マイナス電荷）があり、プラスの電荷とマイナスの電荷が近づくことにより外部空間の電界と磁界が減少します。このビア接続の自己インダクタンスは接続本数を多く、プリント基板の厚み h を短くするほど小さくなり、高周波のマイナス電荷が移動しやすくなります。またビア接続部の熱抵抗も低減します。GND プレーン（銅箔）の厚み t が大きく幅が広いほど自己インダクタンス L_s が小さくなり、コモンモードノイズ源 $V_n \Big(= (L_s - M)\dfrac{dI}{dt}\Big)$ も小さく、熱インピーダンスも小さくなります。こうすることにより IC と GND パターン間の電界と磁界の密度が大きくなり、同時に熱抵抗

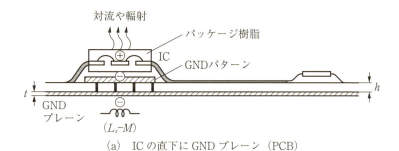

(a) IC の直下に GND プレーン (PCB)

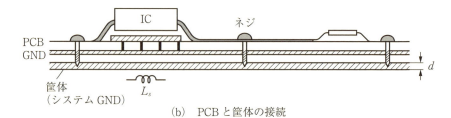

(b) PCB と筐体の接続

図 6-4　コモンモードノイズ源の低減と熱インピーダンスの低減

が低減するため、IC からの熱量が移動して温度が下がることになります。

（2）PCB と筐体（付加金属）

図 6-4(b) では筐体（Al のような厚み d の金属など）にプリント基板 PCB（GND）をネジによって接続すると、PCB の GND プレーンからの熱抵抗が大幅に低減するため筐体を通してより多くの熱が伝導します。また、GND プレーンに生じたコモンモードノイズ源 $V_n \left(= (L_s - M) \cdot \dfrac{di}{dt} \right)$ に自己インダクタンスが小さい筐体が並列接続されるため、コモンモードノイズ源 V_n はさらに小さくなります。こうした構造にすることによって EMC 性能と熱性能が向上することになります。

6.4　信号の伝送とコモンモードノイズの伝送

（1）信号は電磁波となって進む

図 6-5(a) は信号を伝送する回路を理想的な形で表したものです。入力された信号 V は電流 I となって回路に流れます。信号伝送回路を幅 w の平板、信号がリターン（GND）する平板間の距離を d、信号伝送路の長さを ℓ とすれば、入力された信号電圧 V は $E = \dfrac{V}{d}$ によって電界 E となり、入力電流 I はアンペールの法則によって平板内部ではベクトルが同じ方向となるので $H \cdot 2w = I \left(H = \dfrac{I}{2w} \right)$、2 倍して $H = \dfrac{I}{w}$ と変換されます。したがって、入力された電力 P_{in} は次のように電界 E と磁界 H に変換されます。

$$P_{in} = V \cdot I = Ed \cdot Hw = E \cdot H(d \cdot w) \quad \cdots\cdots\cdots\cdots\cdots\cdots\cdots\cdots\cdots\cdots\cdots (6.5)$$

変換された電界 E と磁界 H は電極間の空間（面積 $d \cdot w$）に生じてベクトル P の方向に進みます。この電界と磁界（電磁波）が入力された電力 $P_{in} = V \cdot I$ を負荷まで運びます。ノイズの問題はこの電磁波が伝搬する経路から漏れることです。漏れないようにするためには、平板間の電界と磁界の密度を大きくすることです。そのためには、平板の幅 w を大きく、平板間の距離 d を小さくすることです。理想的には信号伝送路の空間を金属ですっぽりと包むことです（これが同軸ケーブルやシールドケーブルです）。その他にも伝送路が波を放射する力（アンテナ）となるときです。また、漏れがあるということは外部からの

第6章　伝搬経路・筐体への対策

$+M$（最大 $M = L_s$）となって大きくなります。この配線のみのインピーダンス
は小さいので、インピーダンスの大きい部品 F（部品が配線間で結合していれ
ばさらに M_F だけ大きくなります）を追加します。この目的で使用する部品が
コモンモードチョークコイルやフェライトコアとなります。

　このように EMC ではノイズ源からのコモンモードノイズ電流を流れにくく
する、つまり伝搬経路のインピーダンスを大きくしてノイズの伝搬を最小にす
ることやノイズの放射を最小にすることが必要となります。このようにコモン
モードノイズが伝搬する経路の対策はインピーダンスを大きくする方法のみと
なります（信号回路では信号が流れるループのインピーダンスは最小にする）。

　これに対して同図(b)のように熱源 W_h からの熱流もノイズの流れと同じく
伝搬経路を流れます。熱流はできるだけ熱抵抗を小さくして流れをよくする必
要があります。PCB 内の特定のところに熱が流れて困るような場合は熱流の流
れを悪く（熱抵抗を大きく）することや冷却をしなければならない。ノイズ源
の対策と同じく配線間の距離 d を小さくすることにより 2 本の配線の自己イン
ダクタンスは L_s の 1/2 になるだけでなく、配線が短く、幅広くなり金属間が近
づくことにより配線間の物質（PCB なら誘電体）が薄くなり、熱抵抗が小さく
なります。信号回路では配線パターンは細く、面積が広い GND を近づけても変
化は少ないが、多層基板の場合は電源プレーンと GND プレーンは面積を広く、
パターン間の距離を短くできるため熱抵抗を大幅に低減することができます。

　EMC と熱ともに伝搬経路の自己インダクタンス L_s を小さくすることが必要
であるが、ノイズ源の伝搬はコモンモードノイズであるためにインピーダンス
の大きな部品を使う必要があります。この部品は熱に対して強いものでなけれ
ばならない。

6.6　PCB間の電磁波エネルギーと熱流の流れ（損失の最小化）

　図 6-7 は信号の流れと熱流の流れを対比するためのものです。同図(a)の信
号伝送路（長さ ℓ）の目的は入力した信号電圧 V を損失なく負荷 Z に運ぶこと

6.6 PCB間の電磁波エネルギーと熱流の流れ（損失の最小化）

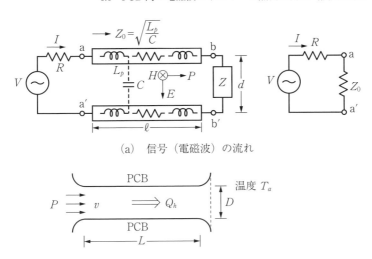

(a) 信号（電磁波）の流れ

(b) 強制対流による熱流束の流れ

図6-7 信号伝送路と流体管路の特性

です。損失として外部空間に漏れたのが電磁波ノイズとなります。一方、同図(b)の熱流（流体）の流れる管路は、流体を損失することなく、電子機器の外部まで運ぶことです。そのためには管路特有な損失を最小にすることです。まさに信号回路と目的は同じとなります。信号伝送路では外部に漏れる電磁波ノイズを最小にする伝送路の構造、流体管路では流体の損失が最小となる構造にする必要があります。

(1) 信号（電磁波）の流れとその最小化

図6-7(a)の信号伝送路の特徴を示す特性インピーダンス Z_0 は伝送路の単位長さ当たりのループインダクタンス L_p[H/m]（$L_p = L_s - M$）と配線間のキャパシタンス C によって決まり、$Z_0 = \sqrt{\dfrac{L_p}{C}}$ [Ω] となります。伝送路の損失は入力部での損失、配線の抵抗成分 r（熱損失）、伝送路から空中への電磁波放射、信号伝送路の途中や出力部でのインピーダンスが異なることによる反射損失があります。同図(a)の信号源 V の出力インピーダンスと付加された抵抗を合わせ

第6章　伝搬経路・筐体への対策

て R とすれば、信号回路に入力されるレベル（a-a'）は抵抗 R と特性インピーダンス Z_0 で分割されて $V_{in} = V \cdot \left(\dfrac{Z_0}{R + Z_0} \right)$ となります。この V_{in} が信号伝送路を進みます。

　信号伝送路の途中、構造が変化（L と C の変化）している部分があると、特性インピーダンスが異なるために反射が起こり、信号波形の変化と損失が発生します。信号が負荷端 b-b' に到達して、特性インピーダンスと負荷のインピーダンス Z が異なると、ここでも反射が生じ、信号の損失が生じます。配線の抵抗 r による損失は熱（EMC では有利）となるが、反射による損失分（波形劣化）は放射ノイズとなります。信号伝送では抵抗 R と伝送路の特性インピーダンスを合わせて（$R = Z_0$ インピーダンスマッチング）、伝送路内部に電磁波を閉じ込めて外部空間に電磁波のエネルギーが漏れないようにしなければならない。そのためには信号線間の距離 d を短くして内部の電界と磁界の密度を大きくしないといけない。電界のエネルギー密度は $\dfrac{1}{2} \varepsilon E^2 \left(= \dfrac{1}{2} \varepsilon \left(\dfrac{V}{d} \right)^2 \right)$ [J/m³]、磁界のエネルギー密度は $\dfrac{1}{2} \mu H^2$ [J/m³] となります $\left(\dfrac{1}{2} \varepsilon E^2 = \dfrac{1}{2} \mu H^2 \right)$。伝送路間の距離 d を小さくすることは、信号伝送路に閉じ込められた電界と磁界の密度を大きくして、外部空間の密度を最小にするということです。

(2) 熱流の流れ（流体の損失の最小化）

　図6-7(b)は熱流が流れる PCB 基板間を流体管路としたとき、熱量 Q_h が流体（空気、圧力 P による速度 v）によって長さ L、管径 D の矩形管の中を運ばれる状況を示しています。管路の摩擦抵抗（同図(a)の抵抗成分に相当）は、電子機器の冷却を考えると空気によって熱流を輸送するので、管壁との摩擦（粘性）は非常に少ないと考えられます。むしろ PCB 上に部品の凹凸があり、これによって空気の流れが影響を受けるので、圧力損失（壁面摩擦による損失）を考える必要があります。矩形管の形状（長さ L や管径 D）による損失 ΔP は次のように表すことができます。

$$\Delta P = \lambda \cdot \frac{L}{D} \cdot \left(\frac{1}{2} \rho v^2 \right) \quad \cdots\cdots\cdots\cdots\cdots\cdots\cdots\cdots\cdots\cdots\cdots\cdots\cdots (6.6)$$

　λ は管壁の状態によって決まる。したがって、管路の長さ L を短く、管径 D

を大きくすると流体の損失が最小となります。

　流体のエネルギーは流量が多いほど、つまり管径 D が大きいほど流量（$V = v \cdot A = v \cdot \pi \cdot \left(\dfrac{D}{2}\right)^2$ [m³/s]、A：管路断面積）を多くすることができます。流量 V を一定として、管径 D を小さくすると流体の運動エネルギー $\left(\dfrac{1}{2}\rho v^2 = \dfrac{1}{2}\rho\left(\dfrac{V}{A}\right)^2\right)$ が増加して冷却能力を高めることができます。流体が流れる管路の損失をインピーダンスで考えると入り口の損失を表すインピーダンス Z_1、粘性（壁面摩擦）によるインピーダンス Z_2、管路の形状によるインピーダンス Z_3、出口の開口部形状による損失 Z_4 から成る合成インピーダンス Z_f となることが考えられます。

(3) EMC 性能の最大化と冷却能力の最大化

　伝送路や管路の長さ（ℓ と L）を短くすることと、損失が最小となることは共通しています。信号伝送路と流体管路にはそれぞれ固有の現象による損失があります。

　信号の伝送損失を最小にするためには、信号伝送路内部の電界と磁界の密度を高める（距離 d を小さくする）ことです。このことはキャパシタンス C が大きくなり、ループインダクタンス L_p が小さくなる（L_p と C の積は一定）ので、特性インピーダンス Z_0 を小さくすることです。一方、流体の管路では管径 D を小さくすると形状による損失は増えるが、流体の運動エネルギーは大きくなり冷却能力は上がります。損失はあるが、熱を運ぶ能力を高めるという点、PCB 基板の実装密度（電子機器の大きさに影響）を考えると、管径 D はある程度小さくしたほうがよいことになります。PCB の実装密度を高めると冷却能力を高めなければならない方向となります。

6.7　熱流とコモンモードノイズに対する筐体の役割

(1) 電子機器の放熱媒体

　図 6-8 は電子機器で使用される放熱媒体を示したもので、この他にも放熱経路の熱抵抗を小さくする熱伝導シートなどがあります。同図(a)のヒートシンクは IC に密着して使用し、表面積が大きいほど放熱効率はよくなります。す

125

(3) 熱流の流れ

図6-9(b)では熱源（ノイズ源）W_hからPCBを伝搬した熱流束Q_hはPCBの金属部分を伝導し、対流と放射によって空気中に放熱されます。同図(a)でコモンモードノイズ電流が流れる空間のインピーダンスを小さくするために距離dを小さくすることは、PCBと筐体間の熱インピーダンス（筐体に伝導しやすく、対流や放射もしやすくなる）が小さくなるため、熱流束Q_hが一番温度の低い筐体へ流れやすくなることです。筐体自体も熱抵抗が最小な金属を使用するのが適していることになります。筐体に対するコモンモードノイズの流れと熱流の流れに対するインピーダンスの最小化はEMCも熱設計も共通しています。

(4) 熱伝導性の向上と定在波の低減

図6-10(a)ではPCB上に発生したノイズ源V_nは信号配線の構造(L_s-M)によって決まるので、同図(b)のようにPCBのGNDを金属板（筐体）でネジ止めすると自己インダクタンスL_sの低減ができ、コモンモードノイズ源V_nが最小となります。また熱抵抗が最小となり熱源からの熱流が筐体に流れ、熱効率が向上します。ここで同図(c)のようにネジ止めした間隔ごとに電位差が生じ、

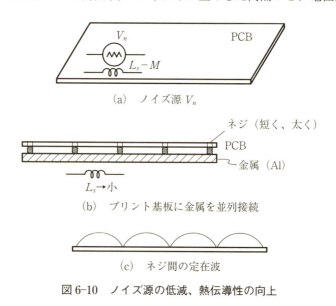

(a) ノイズ源 V_n

(b) プリント基板に金属を並列接続

(c) ネジ間の定在波

図6-10　ノイズ源の低減、熱伝導性の向上

これが定在波となります。この定在波の波長は $\frac{\lambda}{2}$ なので $\frac{\lambda}{2}=\ell$、$v=f\cdot\lambda$ より、$f=\frac{v}{2\ell}$ の周波数のアンテナができ EMC 性能に影響します。ネジの間隔を短くすれば $\frac{\lambda}{2}$ の周波数の定在波の放射は規定周波数以上にすることができます。EMC と熱設計が両立するようにネジ止めする間隔を決める必要があります。

6.8 強制対流による冷却

(1) 伝達と運搬する熱量

熱源から電子機器の外部まで熱を運び出す過程は、熱源から空気中への伝達過程（伝導、伝達、放射）と熱を電子機器外部に輸送する過程の2つからなります。

図 6-11 は電子機器から発生する熱を強制的に移動して PCB 基板を冷却するモデルを示しています。同図(a)には PCB 上に発熱量 W_h[W] の IC があり、フ

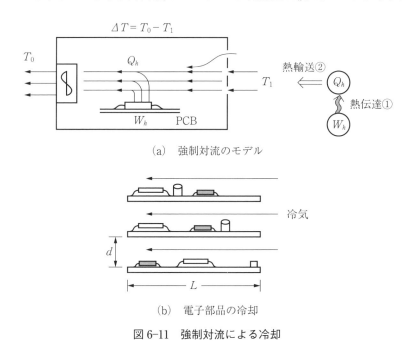

(a) 強制対流のモデル

(b) 電子部品の冷却

図 6-11　強制対流による冷却

第6章　伝搬経路・筐体への対策

動圧力は空気の密度 $\rho\,[\text{kg/m}^3]$、流量 $V\,[\text{m}^3/\text{s}]$、吐出口面積 A とすれば $P_m = \frac{1}{2}\rho v^2 \cdot V = \frac{1}{2}\rho\left(\dfrac{V}{A}\right)^2 \times V$ なので、ファンの出力は次のようになります。

$$W_{fan} = \left[P_s + \frac{\rho}{2}\cdot\left(\frac{V}{A}\right)^2\right] \times V \quad\cdots\cdots\cdots\cdots\cdots\cdots\cdots\cdots\cdots (6.10)$$

したがって、ファン効率 η は入力の回転エネルギー W_r に対するファン出力 W_{fan} なので、

$$効率\ \eta = \frac{W_{fan}}{W_r}$$

$$= \frac{\left[P_s + \frac{1}{2}\rho\left(\dfrac{V}{A}\right)^2\right]\cdot V}{T\cdot\omega} \quad\cdots\cdots\cdots\cdots\cdots\cdots\cdots\cdots\cdots (6.11)$$

となります。

多孔板の圧力損失は $\Delta P = \zeta\cdot\frac{1}{2}\rho v^2\,[\text{Pa}]$、開口率によって決まる損失係数 ζ、管路の圧力損失は $\Delta P = \lambda\cdot\frac{L}{D}\cdot\frac{1}{2}\rho v^2\,[\text{Pa}]$、圧力損失は速度 v の2乗に比例します。

(5) ファンの特性（活用方法）

ファンの動力は圧力 P と流量 V の積で決まるので、横軸に流量 $V\,[\text{m}^3/\text{s}]$、縦軸に圧力 $P\,[\text{Pa}]$ をとると**図6-13**に示す特性となります。流量 $V=0$ で最大の圧力の A 点（最大静圧）は負荷が最大で流速 $v=0$、つまり最大の静圧の状態（密閉された）と同じです。一方、B 点は静圧がゼロで流量が最大となる、つまり負荷がない状態（損失なし）を示しています。A 点が密閉状態に対して全く何もない開放状態となります。ファンからの流路にはインピーダンスがあるので、ファンの動作点は曲線 AB 上に存在することになります。ファンからみて流体が流れる経路のインピーダンスが大きい場合は1. に示す曲線となり、インピーダンスが小さい場合は2. に示すようなカーブとなります。流体が流れる経路のインピーダンス（圧力損失）は $\Delta P = \lambda\cdot\frac{L}{D}\cdot\frac{1}{2}\rho\left(\dfrac{V}{A}\right)^2$ で示されるので、圧力損失は風量 V の2乗に比例することになります。これらのカーブとファンの動作曲線が交差したところが動作点となります。

132

6.8 強制対流による冷却

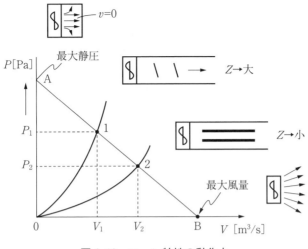

図6-13 ファン特性の動作点

(6) ファンの必要風量の計算

通風抵抗ゼロ、換気の風量ですべての熱を排出すると仮定して、ファンの必要風量を $V[\mathrm{m^3/s}]$ とすれば、式(6.7)から求める換気流量 V は次のようになります。

$$V = \frac{Q_h}{\rho \cdot c \cdot \Delta T}$$

空気の密度 $\rho = 1.2\,\mathrm{kg/m^3}$、空気の比熱 $c = 1007[\mathrm{J/kg\,℃}]$ の値は温度によって変わります。

例：$Q_h = 100\,\mathrm{W}$ の発熱のある装置内で空気の温度上昇を $10\,℃$ 以下にするとすれば、

$$換気流量\ V = \frac{100}{12084} \fallingdotseq 8.3 \times 10^{-3}[\mathrm{m^3/s}] \fallingdotseq 0.5[\mathrm{m^3/min}]$$

計算値の2倍とすれば、換気流量 V は約 $1[\mathrm{m^3/min}]$ となります。

(7) ファン駆動源からファンまでの配線

ファンの配線からノイズが放射される、配線にノイズが侵入して回路の誤動作などが発生するので配線の仕方や経路も重要となります。

ファンを動作させるためには駆動回路からファンまでの配線が必要になり、

第6章　伝搬経路・筐体への対策

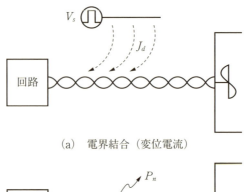

(a)　電界結合（変位電流）

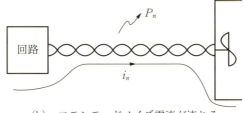

(b)　コモンモードノイズ電流が流れる

図6-14　ファンの配線とノイズ電流の結合

多くのケースでは比較的長くなるが、極力短くすることが原則です。**図6-14**(a)のように、近くに信号源 V_s の配線があるとキャパシタ結合により変位電流 J_d が流れ、ファン駆動回路に影響を与えることやファンの配線に電流が流れて電磁波が放射されることになります。また、同図(b)のように、電子機器内のノイズ源からコモンモードノイズ電流 i_n が流れて、ファン配線から電磁波が放射されます。そのための対策として、配線を短くする、高速動作の回路やPCBから離すことや配線をツイストする、必要に応じてシールドする方法などがあります。

6.9　流体の圧力損失

(1)　ダクト入り口形状による損失

図6-15は流体が流れるダクトの入り口の形状による圧力損失に関わる抵抗係数の概略値です。ダクト内の平均流速を v、抵抗係数を k とすれば、圧力損失 ΔP は $\Delta P = k \cdot \dfrac{1}{2} \rho v^2$ と表すことができます。同図(a)の入り口がダクトその

6.9 流体の圧力損失

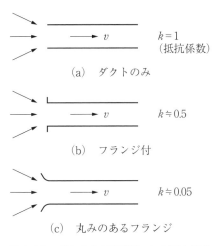

図 6-15　ダクト入口形状による圧力損失

ままの形状のときを $k=1$ とすれば、同図(b)のようにフランジがあると $k \fallingdotseq 0.5$ となります。また、同図(c)のように丸みのあるフランジの場合は、$k \fallingdotseq 0.05$ となり、同図(a)に比べて損失が約 1/20 に抑えることができます。こうしたことから電子機器を強制冷却するための外気取り込みを同図(c)のような丸みのあるフランジにするのはそうした圧力損失を低減するためです。

(2) 摩擦、開口による圧力損失

　流体が流れる管路の損失には、形状による損失、入り口の形状によって生じる入り口損失（図 6-15）、電子機器の冷却で外気の吸込み部分の形状を同図(c)のように広げると吸気の流れがよくなり圧力損失を少なくできるので使用されます。

　管路途中の形状の変化による損失、管路の出口形状によって生じる出口損失、開口部があるときの開口部損失があります。**図 6-16**(a)の断面が円形の管路（断面直径 D、管路長 L）では、圧力 P が印加されると密度 ρ の流体は速度 v で管路内を進みます。管路内での抵抗（壁面摩擦：電子機器の PCB 冷却の場合の部品の凹凸）によって出口の圧力は減少して圧力損失を生じます。圧力損失（運動エネルギーの減少）は式(6.6)から摩擦係数 λ と管路の形状 $\left(\dfrac{L}{D}\right)$ によって決まります。

135

第6章 伝搬経路・筐体への対策

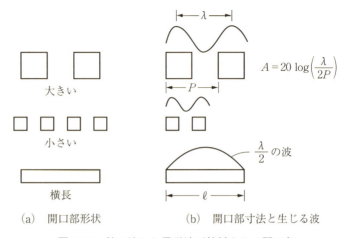

(a) 開口部形状　　(b) 開口部寸法と生じる波

図 6-18　熱の流れと電磁波が放射される開口部

形状に対して電磁波が効率よく放出される（漏れ出る）、侵入する（入り込む）ときの波（波長）を示しています。開口部のピッチを P とし、波の波長を λ とすれば開口部から放射される波の減衰量 A は $A = 20\log\left(\dfrac{\lambda}{2P}\right)$ となります。波の波長に対して十分な大きさのピッチ P にすれば放射される波の減衰量が大きくなります。また、開口部の長さを ℓ とすれば、この長さに $\dfrac{\lambda}{2}$ の波が一致したとき $\left(\dfrac{\lambda}{2} = \ell\right)$、$v = f\lambda$ より $f = \dfrac{v}{2\ell}$ の周波数の波が効率よく放射されます。このことはこの長さがアンテナとなるので送受信とも感度がよくなることを示しています。したがって、電子機器の筐体の開口部の形状とそのピッチはEMC性能（放射とイミュニティ）及び熱効率（圧力損失）を考慮して適切に設定する必要があります。小さな開口部、ピッチを小さく、たくさん設ければ、開口割合が増加して圧力損失の低減、EMC性能の確保ができます。

6.10　ノイズ源と熱源を考慮したレイアウト

(1) IC（熱源とノイズ源）間の配置

　EMC性能と熱性能をともに向上させるためには、ICを含めた部品、PCBの配置、筐体とPCBを含めた構造が重要となります。その構造によって電磁波放

6.10 ノイズ源と熱源を考慮したレイアウト

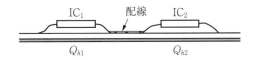

図 6-19 熱源(高速 IC)の考慮すべきレイアウト

射を最小にする、電磁波による影響を最小にする、熱源から熱を流体によって効率よく筐体外に運び出すこと、IC などの部品の温度が最高使用温度以下になること、熱に弱い部品が熱の影響を受けないようにすることが必要となります。

図 **6-19** には高速に動作する IC_1 と IC_2（ともに熱源）が配線で接続されています。EMC 性能向上のためには IC_1 と IC_2 の配線は最短（ガード電極も含めて）にすれば $(L_s - M)$ が最小となり、ノイズ源 $V_n = (L_s - M) \cdot \dfrac{dI}{dt}$ の大きさは最小となります。一方、熱設計の観点から、2 つの IC の発生する熱量は $Q_{h1} + Q_{h2}$ となり、これを最小にしなければならない。配線を最短にすると熱源が近寄りさらに高熱となるので、適度に離せば熱源の密度を小さくすることができます。このような場合は、EMC と熱を考慮した適度な距離にする、1 つのヒートシンクを IC_1 と IC_2 に共通に使用する、別々にヒートシンクを使用して熱密度を小さくするなどの方法が考えられます。

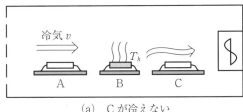

(a) C が冷えない

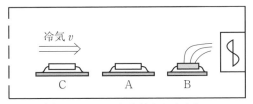

(b) A、B、C とも効率よく冷える

図 6-20 熱源のレイアウト

139

(2) PCBのレイアウト

図6-20は強制冷却を行うときのレイアウトの考え方を示したものです。同図(a)ではファンからの冷気が基板A（中程度の熱源）、基板B（高温熱源、温度T_h）、基板C（熱に弱い部品を搭載）の方向に流れるときに、基板Aや基板Bからの熱流が基板Cに流れ込み、基板Cの温度が高くなってしまいます。同図(b)では熱源である基板Bをファンから一番近い位置に置くと熱流を外部に最もロスなく運ぶことができ、基板Cへの影響が最も少なくなります。熱源は流体が流れる風下に配置するようにすると冷却効果が大きくなります。また、熱に特に弱い部品を搭載した基板は、風上例えば、同図(b)冷気の取り込み口近くに配置すればよいことになります。

(3) PCB間の電磁界結合及び流体の流れ

図6-21(a)はPCB1基板上の信号源V（コモンモードノイズ源を含む）からPCB1とPCB2の配置によって決まるキャパシタCを通してノイズ電流i_nとなってPCB2に流れ、悪影響を及ぼします。この電流i_nはキャパシタCと電圧の

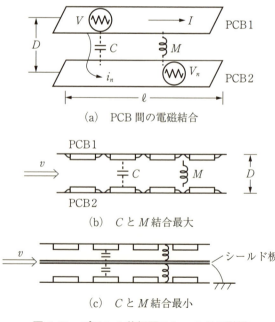

(a) PCB間の電磁結合

(b) CとM結合最大

(c) CとM結合最小

図6-21 プリント基板間のシールドの影響

時間変化 $\dfrac{dV}{dt}$ によって決まり $i_n = C\dfrac{dV}{dt}$ となります。キャパシタ C は基板間の距離 D と対抗する面積 S（長さ ℓ に比例）によって決まるので、D が小さいほどノイズ電流は多くなります。次に PCB1 と PCB2 の間には相互インダクタンス M による磁界結合があります。PCB1 に電流 I が流れると PCB2 には相互インダクタンス M と電流変化 $\dfrac{dI}{dt}$ によって決まるノイズ電圧 $V_n = M\dfrac{dI}{dt}$ が生じます。基板間の距離 D が近いほど M が大きくなり、電流の時間変化が速いほどノイズ電圧は大きくなります。このように基板間の電界結合 C と電磁結合 M は D が小さいほど、長さ ℓ が長いほど大きくなります。

　図 6-21(b)の PCB 間の距離 D によって熱流の流れによる損失、PCB 間の電磁結合の状態が変化します。PCB 間の距離 D が小さくなることにより圧力損失は大きくなる（式(6.6)）が、流体の運動エネルギー $\left(\dfrac{1}{2}\rho\left(\dfrac{V}{A}\right)^2\right)$ も大きくなり、よく冷えることになります。一方、距離 D が小さくなると電界結合（C 結合）も、磁界結合（M 結合）も大きくなり、それぞれの PCB には他方からの信号の影響を受けクロストークが生じ、ノイズによる影響が生じます。

　PCB 間の距離 D を大きくとると、熱を運ぶ流体の圧力損失を最小にして PCB 間の電磁結合を最小にできますが、電子機器内のスペースファクターが悪くなります。そのためには、電磁結合による影響を最小（基板間の電磁結合を断ち切る）にするために、同図(c)のようにシールド板を挿入することが行われます。シールド板の表面はなめらかなため部品の凹凸に比べて空気による壁面摩擦、圧力損失はほとんどないと考えられます。シールド板は PCB1 の電磁エネルギーが PCB2 に伝搬する（漏れる）のを防止する手段となります。

第7章

ノイズと熱による
イミュニティ性能の向上

7.1 電磁波と熱による悪影響は何か

(1) 電磁波と熱による影響

　伝導するノイズや空気中を伝搬する電磁波、伝導、対流、放射によって伝わる熱流はエネルギーの流れなので、その量が大きいとノイズや熱に弱いIC、回路、部品は悪影響を受けることになります。その影響には熱による化学反応や熱応力による変形などがあります。電磁波による影響には電子回路の誤動作、故障、S/N（信号対ノイズの比）の低下、電子部品の寿命の低下（化学物質の反応の促進）、損傷・破壊などの現象があります（**図7-1**(a)）。熱の影響もほぼ同じ症状となります（同図(b)）。

　このため回路や部品は電子機器が使用される環境（温度と電磁環境）に対して動作保証規格値以下にしなければならない。電磁波ノイズによって影響を受

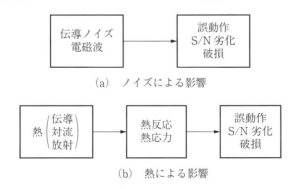

図7-1　EMCと熱のイミュニティの必要性

第7章 ノイズと熱によるイミュニティ性能の向上

けないようにすることを耐性（イミュニティ）があるといいます。熱も同じように考えることができ、熱の影響を受けないように耐性（熱イミュニティ）を持たせる設計が必要ということになります。したがって、電磁波ノイズに対しても熱に対してもイミュニティの考え方が共通して適用できるものと考えられます。このイミュニティ特性を確保するために電磁ノイズや熱の影響を受けにくい配置（レイアウト）、電磁波や熱流の流れのコントロール、ノイズや熱に強い部品や回路にするなど共通した方法が考えられます。

(2) 部品の性能劣化

図 7-2(a)の IC の半導体パッケージの中には、IC チップがワイヤーボンディングによって配線され、プリント基板に半田付けされている状況に熱が加わると、IC チップを囲む樹脂との温度差によってボンディングワイヤーに力が加わり、断線の可能性、IC 端子のプリント基板への半田付け箇所が外れ接触不良などが考えられます。信号パターン（同図(b)）に熱が加わりパターンの密着度が低下してパターンの剥がれが生じる可能性があり、ノイズが加わると信号線からノイズが伝搬して、やはり IC の誤動作等につながります。同図(c)のように規定レベル以上のノイズが IC の入力端子に加わると、IC は信号とみなしてノイズを出力する（誤動作）。

また、図 7-3(a)の電解コンデンサ C は熱に弱いので、熱の影響により内部の

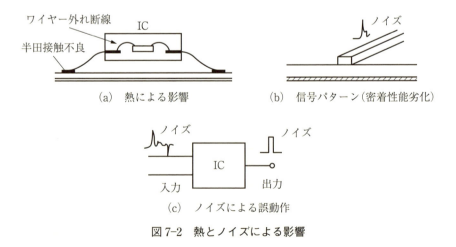

図 7-2　熱とノイズによる影響

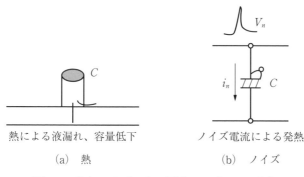

(a) 熱　　　　　　　　　(b) ノイズ

図7-3　熱とノイズによる電界コンデンサの劣化

電解液の化学反応が進み容量値の低下、液の膨張による液漏れなどの症状が生じる可能性があります。同図(b)のように大きなノイズ電圧 V_n が電解コンデンサの両端に加わると、コンデンサにはノイズ電流が流れ内部等価直流抵抗によって発熱して、熱の影響を受けたときと同じ現象が生じる可能性があります。電界コンデンサに印加できるノイズ電圧レベルや熱特性をあらかじめ確認しておく必要があります。

7.2　電磁波と熱による影響を少なくするためには

(1) 電界と磁界による影響のメカニズムと受信ノイズの最小化

電磁波による影響は電界波 E_n と磁界波 H_n を考えなければならない。電界波の単位は［V/m］で長さに対する電圧の傾きなので、受信する回路の長さによって影響が異なります。いま、**図7-4**(a)のように回路の負荷 Z の a–b 間の長さを ℓ とすれば、電界波 E_n が最大に照射された場合に a–b 間に生じるノイズ電圧 V_n は $V_n = E_n \times \ell$ ［V］となります。この受信ノイズ電圧を最小にするには a–b 間の長さを最小にしなければならない。このことは信号線とそのリターンである GND 間の距離を最小にすることです。

次に同図(b)のように回路が磁界波 H_n（ノイズ）を受信するときには、回路ループに磁界波 H_n が侵入するとファラデーの電磁誘導の法則 $\left(\mu \dfrac{\partial H}{\partial t} = -\mathrm{rot}\, E : 磁界から左回転の電界が生じる \right)$ によって回路ループの長さ L（端子

第7章　ノイズと熱によるイミュニティ性能の向上

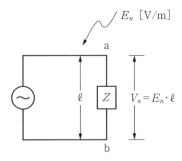

(a)　電界 E_n によって発生するノイズ電圧 V_n

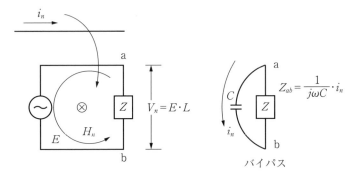

(b)　磁界 H_n によって発生するノイズ電圧 V_n

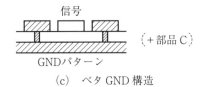

(c)　ベタGND構造

図 7-4　電磁波受信によって発生するノイズ

a-b から見た長さ）には電界 E × 長さ L のノイズ電圧 V_n が発生することになります。この磁界波によるノイズの影響を最小にするには負荷から見た長さを最小にする。このことは回路の周囲長を最短にしなければならない。

(2) 電磁波による影響を少なくするための考え方

　電磁波による影響を最小にするためには、ノイズに弱い回路（アナログ回路など）をノイズ源から遠ざける、ノイズの伝搬する経路のインピーダンスを高くしてノイズの伝搬を最小にする、ノイズに弱い回路を外部ノイズに対して強

146

7.2 電磁波と熱による影響を少なくするためには

くするなどの方法があります。また、外部ノイズをバイパスして回路内に入れない方法には、図7-4(b)のように負荷a-b間にキャパシタ（バイパスするノイズの周波数に対してインピーダンス $\frac{1}{j\omega C}$ を最小にすることが必要）を追加して高周波ノイズをバイパスすると、負荷 Z へ流れるノイズ電流が最小となります。これらの他にも、信号ラインaとGNDラインbのインピーダンスを等しくして平衡回路にする（バイパスのキャパシタは特定の周波数で平衡になっていると考えることができる）、必要な回路を部分シールドして電磁波の侵入を防ぐ方法などがあります。

図7-4(c)のような信号パターンをGNDパターンでガードした構造は、ループインダクタンス L_p の最小化とGND面積を増やすことによって電磁波の侵入面積を最小にすることができ、電界と磁界に対する影響を最小にする構造となります。この構造で不十分な場合に、部品（キャパシタ）を用いるとさらにイミュニティ性能はよくなります。このガードの構造は両面基板より多層基板で構成すればさらによくなります。

(3) 熱による影響のメカニズムと熱受信の最小化

図 7-5 のように信号回路に外部の熱源から熱流束 $J_h[\text{W/m}^2]$ が流れると、熱源からの距離 ℓ が長いと熱抵抗が大きくなり負荷 Z まで熱が伝搬しにくく、信号回路の GND パターンの面積（$w \cdot t$）が大きいほど熱流が分散（密度が小さくなり）して負荷（IC）は影響を受けにくくなります。また、図7-4(c)のベタGNDやガードパターン構造のように回路のパターンが幅広いほど金属面積が増えるため熱抵抗が小さくなります。回路面積を小さくするほど、受信する熱量は少なくなり熱の影響は少なくなります。こうした方法はすべてノイズに対

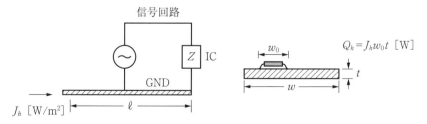

図 7-5　負荷 Z（IC）が受ける熱量

第7章　ノイズと熱によるイミュニティ性能の向上

するイミュニティ性能向上と共通しています。

7.3 熱とEMCに対するイミュニティ能力を向上させるには

(1) インダクタンスと熱抵抗の最小化

　回路面積（回路の周囲長）を小さく、ベタGND構造にすれば熱抵抗も小さくなり、受信する熱量も少なく、また受信するノイズ電力も少なくなります。このとき回路のループインダクタンス L_p は最小となり、キャパシタンス C は大きくなるため電磁波に対するインピーダンス $Z=\sqrt{\dfrac{L_p}{C}}$ は小さくなり電磁波が電極間に閉じ込められることになります。

　図7-6(a)は基板GNDとシステムGND（筐体）間をキャパシタ C_0（キャパシタは積層セラミックコンデンサなど熱に強い部品を使用）で接続すると、ノイズ電流 i_n がバイパスされてIC回路に伝導するノイズ電流を最小とすることができます。このときキャパシタは長くなると自己インダクタンス L_s が大きくなるので、短く、幅広で接続しなければならない。

　図7-6(b)のように基板GNDとシステムGNDを長さ ℓ の金属で接続するこ

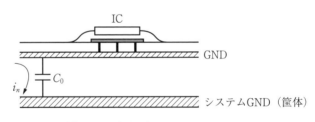

(a)　ノイズ電流をバイパス

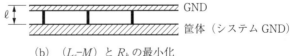

(b)　(L_s-M) と R_h の最小化

図7-6　EMCと熱イミュニティの向上（GNDとS・GND間構造）

7.3 熱とEMCに対するイミュニティ能力を向上させるには

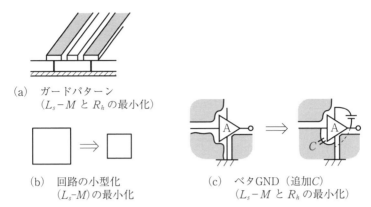

図7-7　EMCと熱に対するイミュニティの向上（回路構造）

とによって自己インダクタンスL_sと熱抵抗を最小にすることができEMC性能と熱性能が向上します。この接続部は短く、太い（幅広い）ほど自己インダクタンスL_sが小さく、熱抵抗R_hも小さくなります。

図7-7(a)のガード電極構造にすることや、同図(b)の回路の周囲長の最小化、同図(c)のベタGND構造（ICの直下もGNDプレーン）はともに、ループインダクタンスL_pの最小化と熱抵抗を最小化することができます。

(2) シールドのノイズに対する作用

シールドはノイズの放射とノイズの受信を防ぐために使用され、金属と電波吸収体が用いられます。一方、シールドすることによって発熱源からの熱がシールド内から排出しにくくなるという現象が生じ、EMC性能と熱性能は相反することになります。

このシールド性能を最大にするためには、図7-8(a)のようにICとシールド間の距離hを最も小さくすることによって、自己インダクタンスL_sの最小化、相互インダクタンスMが大きくなりループインダクタンスL_p(L_s-M)を最小にすることができます。

(3) シールドの熱に対する作用

シールド（金属）は基板GNDに接続されているため面積が多くなった分だけ熱抵抗は低減するが、熱源（IC）からの熱（対流と放射）はシールド内に閉じ込められてしまい熱伝達インピーダンスZ_hは大きくなってしまいます。そ

第7章 ノイズと熱によるイミュニティ性能の向上

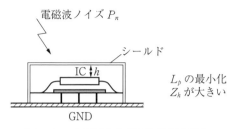

(a) シールドによる EMC 性能の向上

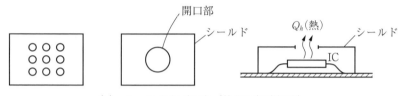

(b) シールド上面の穴（熱流の伝達経路）

図 7-8　ノイズと熱に対するシールドの作用

こで EMC 性能を維持しながら熱性能も向上させるためには、図 7-8(b) のように シールドの上面に小さな開口部を複数設ける方法と、比較的大きな開口部を 1 つ作る方法が考えられます。このようにすることによって IC からの熱流束 Q_h は空気中へと運ばれ、熱伝達及び熱放射によるインピーダンス Z_h を小さくすることができます。また、小さな開口部を複数設ける場合は、熱流束に対する流れの損失を最小にすることが必要であり、開口部は $\frac{\lambda}{2}$ アンテナとなるので、熱特性との兼ね合いを考えなければならない。

7.4　EMC と熱イミュニティを考慮したレイアウト

(1) PCB 上の回路

図 7-9(a) は熱源・ノイズ源である IC（発熱量 W_h）と IC から離れた回路 A の基板 PCB 上のレイアウトを示したものです。回路 A の電解コンデンサ C が熱による影響を受けるとすれば、IC と回路 A の距離を離すことによって熱インピーダンスと電気的インピーダンス（インダクタンスによる）をともに大きくすることができ、回路 A に及ぼす熱及びノイズによる影響は小さくなります。

7.4 EMC と熱イミュニティを考慮したレイアウト

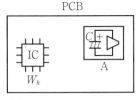

(a) PCB 上のレイアウト

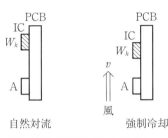

(b) 自然対流と強制冷却におけるレイアウト

図 7-9　熱イミュニティを考慮したレイアウト

　次に、PCB を垂直にして熱の流れを自然対流とすれば、同図(b)のように IC を上部に、回路 A を下部にすればよいことになります。PCB を水平に置くと IC からの熱流が回路 A に循環（不安定な流れ）して影響を及ぼすことが考えられます。一方、強制冷却方式にすると、冷気の流れをコントロールできるため、PCB が垂直でも水平に置かれている場合でも熱に弱い回路 A は風上側に配置すればよいことになります。いずれの場合でも熱に弱い部品があるところの温度が部品の動作保証温度（規格値）以下になるようにしなければならない。熱に弱いところの部分の熱密度（熱流束）を小さくしなければならない。

(2) PCB と筐体（システム GND）間の構造

　デジタル回路やスイッチング電源がノイズ源と熱源となり、ノイズと熱の影響を受けやすいアナログ回路とシステム GND（筐体）との配置を示したのが図 7-10 です。デジタル回路の GND（信号のリターン）とシステム GND は自己インダクタンス L_s の小さい複数の金属で短絡されているためにループインダクタンス $(L_s - M)$ は小さくノイズ源の大きさは最小となります。また、熱源から筐体に流れる熱流束に対する熱抵抗 R_h も小さく、筐体の面積 A も大きい

第8章

EMCと熱に関する基礎資料

8.1 電磁波の発生と受信に関する基本法則

EMC設計に関してもっとも基本的な法則には、電磁気学におけるガウスの法則（電荷と電界を結ぶ）、アンペール・マクスウエルの電流法則（電流と磁界を結ぶ）、ファラデーの電磁誘導の法則（磁界と電界を結ぶ）があり、適用することができます。

(1) 電荷と電界に関する法則（ガウスの法則）

図8-1(a)のように電荷がある体積をもった領域に電荷密度 $\rho[C/m^3]$ で存在するときに周囲の空間には電気的に力を及ぼす電気力線が生じ、この電気力線の密度［本/m²］によって電気的な場（電界）が生じます。電荷が変動する場合も含めて、この電荷と周囲の空間の電界を結びつけたのがガウスの法則です。

ガウスの法則とは「電荷と空間の電界を結びつけたもので、電荷から生じる空間のすべての領域の電気力線（電界 E）を足し合わせたもの（積分）が $\dfrac{Q}{\varepsilon}$ ［本］（電荷 Q がある媒質の誘電率 ε）に等しい」という法則です。同図(a)では電荷 $\rho[C/m^3]$ から電気力線（電界 E）が球面状に湧き出し（ベクトル記号で div（ダイバージェンス））、電界 E は $\operatorname{div} E = \dfrac{\rho}{\varepsilon}$ と表すことができます。電荷がプラスの場合は電気力線が発散する方向で、マイナス電荷の場合は、電気力線が吸収する方向となります。電界 E をガウスの法則から求めると $E = \dfrac{Q}{4\pi\varepsilon r^2}$ ［V/m］ $\left(4\pi r^2 \cdot E = \dfrac{Q}{\varepsilon}\right)$ となり距離 r の2乗に反比例します（距離が離れるとほとんど減衰）。

同図(b)の回路で電圧 V を加えると＋電荷と－電荷が生じ、ガウスの法則を

157

第8章　EMCと熱に関する基礎資料

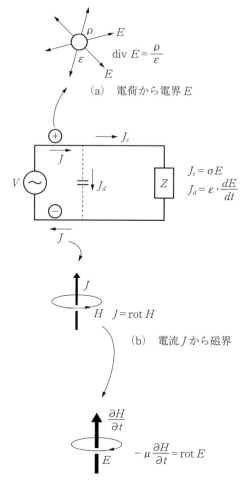

図8-1　電磁波の発生に関する基本法則

用いて電荷から生じる空間の電界（ベクトル）を求めることができます。電荷が線電荷密度 $\lambda = \dfrac{Q}{\ell}$ ［C/m］で線状に分布するとき、ガウスの法則を用いて距離 r における電界は $E = \dfrac{\lambda}{2\pi\varepsilon r}$ ［V/m］$\left(2\pi r \cdot E = \dfrac{Q}{\varepsilon}\right)$ となり、距離 r に反比例します。電荷が面電荷密度 $\sigma = \dfrac{Q}{S}$ ［C/m²］で平面上に分布するときの電界は E

$=\dfrac{\sigma}{\varepsilon}$ [V/m] $\left(E \cdot S = \dfrac{Q}{\varepsilon}\right)$ となり、距離に関係がなく決まります。これらのことより放射ノイズを少なくするには変動する電荷量 Q $\left(\dfrac{dQ}{dt}\right)$ を少なく、電荷を小さな領域に分布させればよいことがわかります。一方、イミュニティで外部からの電界のノイズの影響を小さくするには電荷が分布している領域が小さいほどよくなります。

(2) 電流と磁界に関する法則（アンペール・マクスウエルの法則）

断面積 S をもった金属導線に流れる伝導電流を I とすれば、電流密度は $J_c = \dfrac{I}{S}$ [A/m^2] となります。また金属（配線）と金属（配線）の空間（キャパシタ）に流れる電流は変位電流 J_d と呼ばれ、伝導電流と区別しています。したがって、回路にはつねに伝導電流と変位電流の両方が流れています。これらの電流が流れると周辺空間には磁気的な力を及ぼす磁力線が右ネジの方向に発生し、電界と同じようにこの力線の密度 [本/m^2] が磁界 H となります。電流密度 J を使って表すと $J(J_c + J_d) = \text{rot } H$ [A/m^2] となります。このことは電流密度 J があるところではその周りの円周方向（距離的に近い位置）に磁界 H の渦（回転）ができることを表し（rot は単位面積当たりの電流の効率）、電流密度が大きいほど周辺の磁界 H は大きくなります。これより放射ノイズを少なくするには変動する電流密度を少なくする、つまり、電流 I を少なく（電流は電荷量の変動の速さ）、電流が分布する面積 S を広い領域（電流密度を小）にすればよいことがわかります。

(3) 磁界の変化から電流の変化（電界の変化）が生じる（ファラデーの電磁誘導の法則）

これまでの法則は電荷 Q の時間変動があると電界 E の時間変動が生じ、その結果、伝導電流 J_c と変位電流 J_d が流れます。これらの電流が回転した磁界 H を生み出すという電界 E から磁界 H が発生する現象です。ファラデーの電磁誘導の法則とはこれとは逆で磁界 H から電界 E が生じる現象で、ある場所で磁界 H が時間的に変化すると磁界が変化する方向に対して電界 E（渦）が左回りに回転 $\left(-\mu \dfrac{\partial H}{\partial t} = \text{rot } E\right)$ して発生します（図8-2(a)、(b)）。ここで電界 E は単位長さ当たりの電圧なので電界 E が回転する円周の長さに沿って（長さ×

第 8 章　EMC と熱に関する基礎資料

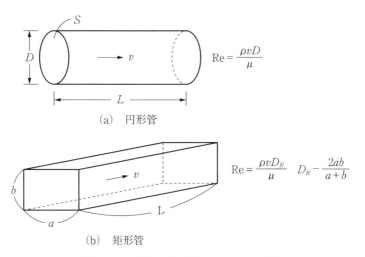

(a)　円形管

(b)　矩形管

図 8-7　円形管と矩形管のレイノルズ数

$$\mathrm{Re} = \frac{慣性力 F_I}{粘性力 F_\tau} = \frac{\rho v}{4\mu} \cdot \left(\frac{D^2}{L}\right) \quad \cdots\cdots\cdots\cdots\cdots\cdots\cdots\cdots\cdots\cdots\cdots (8.4)$$

また、式(8.4)の分母分子とも単位は [kg/s] となり、インピーダンス（動かしにくさ）の単位となります。つまりレイノルズ数とは慣性力（インピーダンス）と粘性力（インピーダンス）の比でもあることがわかります。

式(8.4)から円筒管のレイノルズ数 Re は流体の密度 ρ と速度 v に比例します。また円筒管の円径 D の 2 乗に比例して円筒管の長さ L に反比例します。流体の速度 v を大きくすると大きな値となります。また、管の径 D を固定して長さ L を長くすると流体が接触する面積が多くなり、粘性力が大きくなるためレイノルズ数 Re は小さな値となり層流となります。円径 D と長さ L の比によってレイノルズ数 Re は変化することになります。

図 8-7(b) のような横 a、縦 b の断面形状で長さが L の矩形管の場合は、円形管の断面積に相当する管径を D_R とすれば $D_R = \dfrac{2ab}{a+b}$ となるので円形管のレイノルズ数は $\mathrm{Re} = \dfrac{\rho v D_R}{\mu}$ となります。

(3) レイノルズ数の範囲

レイノルズ数 Re が小さいときは、慣性力に比べて粘性力が大きいので、ね

っとりとした状態で層流が支配的となります。レイノルズ数 Re が大きい場合は、粘性力に比べて慣性力（運動エネルギー）が大きくなるので、流れは乱れ、乱流となります。Re≒2300 が臨界のレイノルズ数とされています。Re が 2000 から 4000 を境に層流から乱流に変化します。電子機器で強制冷却によって空気の流れが層流や乱流になることがあります。乱流が生じると運動エネルギーが大きくなって冷却性能は上がりますが、圧力損失は速度の2乗に比例して増加します。このことは電力の消費と音のレベルの増加となります。静かな音が快適となります。

8.5　ベルヌーイの定理

（1）エネルギー保存則からベルヌーイの定理を求める

　流体の特徴は多くの粒子や塊（質量 m）が何らかの力（圧力）を受けて、速度 v または流速 V で移動することなので、ニュートンの力学の法則、エネルギーの保存則を適用することができます。一般に流体は運動エネルギー、圧力エネルギー、位置エネルギー、熱エネルギーをもちます。これらのエネルギーの組み合わせを考え、電子機器の熱を運ぶ流体に適用することができます。ベルヌーイの定理はエネルギー保存の法則であり、粘性がない場合に適用できます。粘性があると運動エネルギーの一部が熱エネルギーに変換されます。

運動エネルギー＋位置エネルギー＋圧力エネルギー＝一定値

　運動エネルギーは $\dfrac{1}{2}mv^2$、位置エネルギーは mgh、圧力エネルギーは圧力 P [Pa] と体積 V[m^3] の積なので $P\cdot V=P\cdot\dfrac{m}{\rho}$ [J]（m：質量、ρ：流体の密度）となるので、ベルヌーイの定理は次のように表すことができます。

（ⅰ）エネルギーの次元（運動エネルギー＋位置エネルギー＋圧力エネルギー）

$$\frac{1}{2}mv^2+mgh+m\cdot\frac{P}{\rho}=一定値$$

　この式の両辺を m で割り、質量 m を消去すると、次の圧力の次元で表現することができます。

第8章　EMCと熱に関する基礎資料

同図(a)には飛行機の翼に左から空気が流れています。飛行機の翼は曲線状になって、上面のほうが下面よりふくらんでいます。このため空気の流れは上面のほうが下面に比べて速くなります。これにより上面の空気の圧力は減少して、下面の空気の圧力のほうが大きくなります。このため $P_D > P_u$ となり飛行方向に垂直な方向の成分の力（揚力）が生じて飛行機は飛ぶことができます。

同図(b)では薄い紙の左側に速度 v で空気を吹き付けると動圧が高くなった分だけ静圧 P_2 が減少します。反対側の静圧 P_1 より小さくなり、P_1 の静圧が勝り、紙は空気を吹き付けたほうに曲がることになります（簡単な実験なのですぐにでも試すことができます）。

8.6　信号の反射によるエネルギーの減衰

特性インピーダンスが Z_1 から Z_2 に信号が進むときに境界で反射が起こります。

電圧反射係数 ρ_v は $\rho_v = \dfrac{V_2}{V_1} = \dfrac{Z_2 - Z_1}{Z_2 + Z_1}$ なので、透過電圧信号 V_t は次のようになります。

$$V_t = V_1 + V_2 = (1 + \rho_v) V_1$$

$$= \frac{2Z_2}{Z_2 + Z_1} V_1 \quad \cdots\cdots\cdots\cdots\cdots\cdots\cdots\cdots\cdots\cdots (8.5)$$

電流反射係数 ρ_I は $\rho_I = \dfrac{I_2}{I_1} = -\dfrac{Z_2 - Z_1}{Z_2 + Z_1}$ なので、透過電流信号 I_t は次のようになります。

$$I_t = I_1 + I_2 = (1 + \rho_I) I_1$$

$$= \frac{2Z_1}{Z_1 + Z_2} I_1 \quad \cdots\cdots\cdots\cdots\cdots\cdots\cdots\cdots\cdots\cdots (8.6)$$

入力電力 P_{in} は $P_{in} = V_1 I_1$、透過電力 P_t は $P_t = V_t \cdot I_t$ なので、式(8.5)と(8.6)より、

$$P_t = \frac{4Z_1 Z_2}{(Z_2 + Z_1)^2} I_1 V_1$$

$$= \frac{4Z_1Z_2}{(Z_1+Z_2)^2} \cdot P_{in} \quad \cdots\cdots\cdots\cdots\cdots\cdots\cdots\cdots\cdots\cdots\cdots\cdots (8.7)$$

損失電力（熱）P_{Loss} は $P_{in}-P_t$ なので次のようになります。

$$P_{Loss} = P_{in}\left\{1 - \frac{4Z_1Z_2}{(Z_1+Z_2)^2}\right\}$$

$$= \left(\frac{Z_2-Z_1}{Z_2+Z_1}\right)^2 \cdot P_{in} \quad \cdots\cdots\cdots\cdots\cdots\cdots\cdots\cdots\cdots\cdots (8.8)$$

計算例：$Z_1 = 50\,\Omega$、$Z_2 = 100\,\Omega$ とすれば、$\rho_v = \dfrac{1}{3}$、$\rho_I = -\dfrac{1}{3}$ となるので、$V_t = \dfrac{4}{3}\,V_1$、$I_t = \dfrac{2}{3}\,I_1$ なので $P_t = \dfrac{8}{9}\,V_1 I_1$ となるので、$P_{Loss} = \dfrac{1}{9}\,P_{in}$ となります。約 1 割の電力の損失となります。このように電圧信号や電流信号の反射係数が $\dfrac{1}{3}$ 程度であっても電力の損失は少なく 1 割程度となります。

8.7 電磁波に関する波動方程式

(1) 1次元の波動方程式

静かな水面に小石を落とすと、波が平面状に伝わります。小石を落としたところでは波の振幅が大きく、距離が離れるに従って振幅は小さくなり、波の周期も長くなることがわかります。波には弦を弾いたときの振動、ギターや太鼓の振動、水面を伝わる波、伝送路を伝わる波などたくさんあり、様々な現象で波が生じますが、これらはすべて次の波動方程式によって記述することができます。

$$v^2 \cdot \frac{\partial^2 u}{\partial x^2} = \frac{\partial^2 u}{\partial t^2} \quad \left(v = \frac{\omega}{k}\right) \quad \cdots\cdots\cdots\cdots\cdots\cdots\cdots\cdots (8.9)$$

ここで、v は波の速度で伝搬する媒質によって決まります。u は波の変位（振幅）、x は距離、t は時間を表しています。この方程式は変位の時間的な変化（2次微分）と距離的な変化が速度の 2 乗で結ばれているのが特徴です。2 次微分は時間が経過、距離が離れると平均値に落ち着こうとすることです。物理現象の多くが波動方程式のような 2 次微分の形で表されることは、自然現象はいつ

も平衡の状態、平均の状態に落ち着こうとします。水面の波も小石が落とされたところでは振幅が大きいが、時間が経ち、距離が離れていくにつれて次第に振幅は小さくなっていき、ついには振幅ゼロとなります。電子回路における振動現象もやがて時間が経つと振動は小さくなり（電気的な振動エネルギーが配線等の抵抗成分によって熱エネルギーとして変換されるためです）最後にはなくなってしまいます。

進行波は一方向に進む波であり、定在波は左右に進む進行波の合成（線形加算）によって生じる、矩形波の高調波もそれぞれの波（フーリエ級数）の合成なので波動方程式を満たすことになります。

(2) 波動方程式の解

図8-10にようにx=0の位置において振幅がV_A、速度vでx軸の方向に進む波は、時間t後の位置は$v \cdot t$だけ進み$V_A(x-vt)$と表せます。x軸の負の方向に進む振幅V_Bの波が、時間t後には$-vt$の位置に進むので、この波は$V_B(x+vt)$と表すことができます。この進行波V_Aを波動方程式(8.9)に代入すると、

$$波動方程式の左辺 = v^2 \cdot \frac{\partial^2 u}{\partial x^2} = v^2 \cdot V_A''(x-vt)$$

$$右辺 = \frac{\partial^2 u}{\partial t^2} = v^2 \cdot V_A''(x-vt)$$

左辺＝右辺となり波動方程式を満たすことがわかります。同様に$V_B(x+vt)$も波動方程式を満たします。2つの波$V_A(x-vt)$と$V_B(x+vt)$を重ね合わせた波$u = V_A(x-vt) + V_B(x+vt)$も波動方程式を満たします。EMCでは1次元に進む波は信号伝送回路、ケーブルを伝送する信号などが該当します。

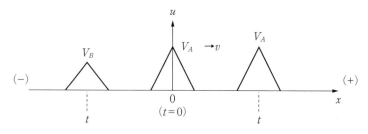

図8-10　t秒後の波の位置

（3） 電磁波の波動方程式（1 次元）

電界波 E が x 軸方向に、磁界波 H が y 軸方向に変位して z 軸方向に進む電磁波（図 4-3(a)）の波動方程式は次のような 2 次の偏微分方程式で表すことができます。

$$\frac{\partial^2 E_x}{\partial z^2} = \frac{1}{v^2} \cdot \frac{\partial^2 E_x}{\partial t^2} \quad \cdots\cdots\cdots\cdots\cdots\cdots\cdots\cdots\cdots\cdots (8.10)$$

$$\frac{\partial^2 H_y}{\partial z^2} = \frac{1}{v^2} \cdot \frac{\partial^2 H_y}{\partial t^2} \quad \cdots\cdots\cdots\cdots\cdots\cdots\cdots\cdots\cdots\cdots (8.11)$$

速度 v は電磁波が進む媒質の誘電率 ε と透磁率 μ によって決まり、$v = \dfrac{1}{\sqrt{\varepsilon\mu}}$ [m/s] となります。

（4） 電磁波の波動インピーダンス

電磁波の波動インピーダンスは $Z = \dfrac{E}{H}$ [Ω] によって求めることができるので、$Z = \dfrac{E}{H} = \sqrt{\dfrac{\mu}{\varepsilon}}$、空気中であれば $Z = \sqrt{\dfrac{\mu_0}{\varepsilon_0}} = 120\pi\,(377)$、誘電体 ε_r であれば

$Z = \dfrac{120\pi}{\sqrt{\varepsilon_r}}$ となります $\left(\mu_0 = 4\pi \times 10^{-7} [\text{H/m}]、\varepsilon_0 = \dfrac{1}{36\pi} \times 10^{-9} [\text{F/m}] \right)$。

（5） 2 次元と 3 次元の波動方程式

2 次元 x 方向と y 方向に進む波の t 時間における波動方程式は 2 次微分からなり、次のように表すことができます。

$$\frac{\partial^2 u}{\partial t^2} = v^2 \cdot \left(\frac{\partial^2 u}{\partial x^2} + \frac{\partial^2 u}{\partial y^2} \right) \quad \cdots\cdots\cdots\cdots\cdots\cdots\cdots\cdots\cdots (8.12)$$

EMC ではプリント基板の中央に IC があり、この IC が励振源となってプリント基板の電源・GND パターン、プリント基板と筐体間のコモンモードノイズ源からの波は 2 次元に伝わります。

x 方向、y 方向、z 方向の 3 次元に進む波の波動方程式も同様に次のように表すことができます。

$$\frac{\partial^2 u}{\partial t^2} = v^2 \cdot \left(\frac{\partial^2 u}{\partial x^2} + \frac{\partial^2 u}{\partial y^2} + \frac{\partial^2 u}{\partial z^2} \right) \quad \cdots\cdots\cdots\cdots\cdots\cdots\cdots (8.13)$$

EMC ではアンテナ（ループアンテナや $\lambda/4$ アンテナ）から空間に放射され

第8章 EMCと熱に関する基礎資料

コモンモードノイズ源の大きさは、

$$V_n = (L_s - M) \cdot \frac{di}{dt} = (L_s - M) \cdot \frac{i}{\left(\frac{t_r}{2}\right)} = 2(L_s - M) \cdot \frac{i}{t_r}$$

ノイズ源の電力は、

$$P_n = V_n \cdot i = 2(L_s - M) \cdot \frac{i^2}{t_r} \quad \cdots\cdots\cdots\cdots\cdots\cdots\cdots\cdots\cdots (8.18)$$

ノイズ源の電力は負荷電流 i の2乗と電流の立上り時間 t_r によって決まります。

ノイズ源の式に $i = C_L \cdot \dfrac{V}{t_r}$ を代入すると、

$$V_n = 2(L_s - M) \cdot \frac{C_L}{t_r^2} \cdot V$$

これより、

$$P_n = V_n \cdot i = 2(L_s - M) \cdot \frac{C_L}{t_r^2} \cdot V \cdot i$$

$$= 2(L_s - M) \cdot \frac{C_L}{t_r^2} \cdot \frac{V}{V_p} \cdot (V_p \cdot i)$$

$$= 2(L_s - M) \cdot \frac{C_L}{t_r^2} \cdot \frac{V}{V_p} \cdot P_{in}$$

熱源は $P_{in} = V_p \cdot i$

ノイズ電力は $\dfrac{P_n}{P_{in}} = 2(L_s - M) \cdot \dfrac{C_L}{t_r^2} \cdot \dfrac{V}{V_p}$

ノイズ源の電力は回路構造 $(L_s - M)$、負荷 C_L の大きさ、信号の立上り時間 t_r の2乗、電源電圧 $V\left(\dfrac{V}{V_p}\right)$ によって決まることになります。

8.10 放射伝達率と放射インピーダンス （ステファン・ボルツマンの法則）

表面積 A、温度 $T_1[\mathrm{K}]$ の物体から放射される熱量を Q_1 とすれば、$Q_1 =$

176

$\varepsilon_1 \sigma T_1^4 \cdot A [\mathrm{W}]$ となります。また、同じ表面積 A で温度 T_2 の物体から放射される熱量を Q_2 とすれば $Q_2 = \varepsilon_2 \cdot \sigma T_2^4 \cdot A [\mathrm{W}]$、$\varepsilon_1$、$\varepsilon_2$ はそれぞれの表面状態で決まり、$0 < \varepsilon < 1$ にあります。物体1と物体2でやり取りされる熱量を ΔQ とすれば、

$$\Delta Q = Q_1 - Q_2 = (\varepsilon_1 - \varepsilon_2) \cdot \sigma \cdot A \cdot (T_1^4 - T_2^4)$$

ここで $T_1^4 - T_2^4$ を展開すると、

$$T_1^4 - T_2^4 = (T_1^2 - T_2^2) \cdot (T_1^2 + T_2^2)$$
$$= (T_1 - T_2) \cdot (T_1 + T_2) \cdot (T_1^2 + T_2^2)$$
$$= (T_1 - T_2) \cdot (T_1^3 + T_1^2 \cdot T_2 + T_1 \cdot T_2^2 + T_2^3)$$
$$= (T_1 - T_2) \cdot T_1^3 \left(1 + \frac{T_2}{T_1} + \frac{T_2^2}{T_1^2} + \frac{T_2^3}{T_1^3} \right)$$

$T_1 - T_2 = \Delta T$ として、

$$T_1 \gg T_2 \text{ならば} T_1^4 - T_2^4 = T_1^3 \cdot \Delta T$$
$$T_1 = T_2 \text{ならば} T_1^4 - T_2^4 = 4T_1^3 \cdot \Delta T$$
$$T_1 > T_2 \text{ならば} T_1^4 - T_2^4 = T_1^3 \cdot \left(1 + \frac{T_2}{T_1} \right) \cdot \Delta T$$

$T_1 \gg T_2$ のときには、$\Delta Q = \varepsilon_1 \cdot \sigma \cdot A \cdot T_1^3 \cdot \Delta T$

放射伝達率を $h_r = \varepsilon_1 \cdot \sigma \cdot T_1^3$ とすれば、$\Delta Q = h_r \cdot A \cdot \Delta T$ が得られます。これより放射インピーダンス Z_r は $Z_r = \dfrac{1}{h_r \cdot A}$ [℃/W] となります。

8.11 ノイズ源を探す方法

EMC の基本式 $V_n = (L_s - M) \cdot \dfrac{dI}{dt}$ に基づいて、ノイズ源を探すポイントは次のようになります。

[1] 自己インダクタンス L_s

自己インダクタンスは長さと幅に関係しているので、長い配線（ケーブルなど）やパターンがあると自己インダクタンスが大きくなり、ノイズ源となります。

第8章　EMCと熱に関する基礎資料

[2] 相互インダクタンス *M*

相互インダクタンス *M* は大きくないといけないので、信号とそのリターン（戻り）の経路が離れているようなところは *M* が小さくなり、ノイズ源となります。

[3] 電流の変化 *dI/dt*

①電流 *I* の大きさ

電流が多く流れているところ、大電流が流れているところ、電圧は低いが負荷が小さい場合は大きな電流が流れます。このようなところはノイズ源となります。

②周波数 $\dfrac{d}{dt} = j\omega$

周波数が高い、これにはデジタルクロックの周波数が高い、直流を流していても高周波の変動がある場合。

③電流の変化（傾き）$\dfrac{dI}{dt}$

周波数が高くなると必然的に電流の $\dfrac{dI}{dt}$ は大きくなります。短い周期でなく長い周期（低周波）または単発現象で動作をさせるときでも電流の変化が大きいとき（トリガーなど）はノイズ源となります。

参考文献

1. 熱設計完全入門　国峰　尚樹著（日刊工業新聞社）
2. トコトンやさしい流体力学の本　久保田　浪之介著（日刊工業新聞社）
3. トコトンやさしい熱設計の本　　国峰　尚樹/藤田　哲也/鳳　康宏著（日刊工業新聞社）
4. Cradle　Viewer で見る電子機器節設計　御法川　学/伊藤　孝宏著（日本工業出版）
5. JSME テキストシリーズ　流体力学　　日本機械学会
6. JSME テキストシリーズ　伝熱工学　　日本機械学会
7. 機械設計技術者のための基礎知識　機械設計技術者試験研究会編　日本理工出版会
8. 電磁環境工学情報 EMC　2018.5.5　熱設計技術1　（科学情報出版）
9. トコトンやさしい EMC とノイズ対策の本　鈴木　茂夫著（日刊工業新聞社）
10. ノイズ対策のための電磁気学入門　鈴木　茂夫著（日刊工業新聞社）
11. ノイズ対策は基本式を理解すれば必ずできる　鈴木　茂夫著（日刊工業新聞社）
12. ノイズ対策を波動・振動の基礎から理解する　鈴木　茂夫著（日刊工業新聞社）

索　引

回路の長さと波の大きさ ……………… 19
ガウスの法則 ……………………… 77, 157
慣性力 ……………………………… 162
管路（流路）のインピーダンス ……… 59
逆起電力 …………………………… 82
キャパシタ C ……………………… 49
キャパシタンス ………………… 54, 61, 72
キャパシタンスの性質 ……………… 54
強制対流（換気) …………………… 114
強制対流による冷却 ……………… 129
筐体構造 …………………………… 74
筐体の役割 ………………………… 125
金属接続による熱性能と EMC 性能
　………………………………… 106
クーロン力 ……………………… 35, 77, 78
コモンモードノイズ …………… 120, 125
コモンモードノイズ源 ……… 68, 82, 118
コモンモードノイズ電流の流れ …… 127
コモンモードノイズの低減方法 …… 101
コモンモードノイズの伝送 ………… 119

【さ行】

磁界の渦 …………………………… 87
磁界の密度を高める方法 …………… 82
自己インダクタンス L_s …………… 177
自己インダクタンスの性質 ………… 53
システムインピーダンス図 ……… 67, 68
システム GND …………………… 151
自然対流 ………………………… 14, 114
受信ノイズの最小化 ……………… 145

循環（渦）の概念 ………………… 89, 90
シールド ………………………… 140, 149
信号回路 …………………………… 31
信号回路からコモンモードノイズ電流
　………………………………… 42
信号回路のインピーダンス ………… 100
信号伝送の考え方 ………………… 11
信号伝送路と流体管路のインピーダンス
　………………………………… 57
信号伝送路のインピーダンス ……… 57
信号伝送路の特性インピーダンス …… 50
信号の伝送 ………………………… 119
信号（電磁波）の流れ …………… 123
信号の反射 ………………………… 170
信号の変形（ひずみ）……………… 69
信号のループ ……………………… 110
スイッチング電流波形 ……………… 97
ステファン・ボルツマン定数 …… 40, 56
ステファン・ボルツマンの法則
　………………………… 56, 87, 176
スリット …………………………… 103
静圧と動圧 ………………………… 168
静電気による誤動作 ……………… 152
静電気ノイズ ……………………… 153
接触抵抗 …………………………… 74
相互インダクタンス M ………… 60, 178
層流と乱流 ………………………… 137
損失の最小化 ……………………… 122

182

索　引

【た行】

対流と放射 ……………………………… 38
対流熱伝達 ……………………………… 56
対流熱伝達率 ………………………… 38, 40
ダクト入り口形状による損失 ……… 134
抵抗 R …………………………………… 49
定在波 ………………………… 18, 110, 128
定在波のエネルギー ………………… 109
定在波の発生 ………………………… 107
デカップリングキャパシタ ………… 117
デジタルクロック …………………… 117
デジタルクロック波形の高調波エネルギー
………………………………………… 97
電界と磁界による影響のメカニズム
………………………………………… 145
電界の渦 ………………………………… 88
電界の密度を高める方法 …………… 81
電荷源から生じる力線 ……………… 33
電荷源から電界の発生 ……………… 77
電荷源と熱源 …………………………… 29
電気抵抗と熱抵抗 ………………… 52, 53
電気伝導 ………………………………… 35
電気伝導率 …………………… 36, 39, 40
電気と熱に関する用語 ……………… 16
電気力線 ………………………………… 31
電源 …………………………………… 116
電子機器システム …………………… 113
電子機器のエネルギーの流れ ……… 113
電子機器の基本構成 ………………… 47

電子機器の放熱媒体 …………… 125, 126
電磁気に関する基本法則 …………… 77
電磁波と熱による悪影響 …………… 143
電磁波に関するエネルギー保存の法則
………………………………………… 84
電磁波に関する波動方程式 ………… 171
電磁波による影響を少なくする …… 146
電磁波のインピーダンス ………… 52, 74
電磁波の発生 …………………………… 79
電磁波の発生と受信に関する基本法則
………………………………………… 157
電磁波の波動インピーダンス ……… 173
電磁波の波動方程式（1 次元）……… 173
電磁波の放射 …………………………… 40
伝導電流 ………………………………… 35
伝搬経路のインピーダンス …… 100, 121
電流から磁界の発生 ………………… 34
電流の変化 dI/dt ……………………… 178

【な行】

波の波長と配線長 …………………… 20
2 次元と 3 次元の波動方程式 ……… 173
入出力効率 ……………………………… 8
ニュートンの冷却則 ………………… 39
ニュートンの冷却法則 ……………… 86
熱インピーダンス Z_h
………………… 49, 55, 61, 72, 118
熱インピーダンスの接続方法 ……… 62
熱エネルギー ………………………… 175
熱源から筐体までのシステムインピーダ

183

索　　引

ンス図……………………………67
熱源から生じる力線……………………34
熱源からの放射……………………41
熱源のレイアウト………………139
熱受信の最小化……………………147
熱設計の考え方………………21
熱損失 Q_L……………………115
熱対策（ヒートシンク）……………104
熱抵抗……………………148
熱伝送のメカニズム………………14
熱伝達のメカニズム………………15
熱伝達率……………………39
熱伝導……………………14, 35, 55
熱伝導性……………………128
熱伝導方程式……………………174
熱伝導率……………………37, 39, 40
熱とノイズによる影響……………144
熱に関するエネルギー保存則………85
熱の考え方……………………13
熱の伝わり方……………………13
熱の伝搬形態……………………55
熱の発生……………………14
熱の放射……………………40
熱放射……………………56
熱容量……………………175
熱力学の第1法則……………………84
熱力学の第2法則……………………84
熱流……………………125
熱流の流れ……………………122, 124, 128
粘性力……………………162
ノイズ源と熱源……………99, 138

ノイズ源のエネルギー……………175
ノイズ源を探す方法………………177
ノイズ電流……………………121
ノイズの伝搬形態……………………12
ノイズの問題……………………9
ノーマルモード成分の一部がコモンモー
　ド成分……………………42
ノーマルモードとコモンモード………43

【は行】

配線相互の関係……………………116
発熱源……………………8
波動インピーダンス……………74
波動方程式の解……………………172
ヒートシンク……………………104
ファラデーの電磁誘導の法則
　………………………79, 159
ファン出力と効率……………131
ファンの回転エネルギー……………131
ファンの特性……………………132
ファンの必要風量……………133
ファンまでの配線……………133
負荷の大きさ……………………117
部品の性能劣化……………144
フーリエの法則………38, 86, 174, 175
プリント基板……………………118
ベルヌーイの定理……………167, 169
変位電流……………………36
放射……………………14
放射インピーダンス……………176

184

索　引

放射伝達率 ················· 176
放熱量 ···················· 114

【ま行】

摩擦、開口による圧力損失 ········ 135

【ら行】

力学的インピーダンス ··········· 58, 72
力線とベクトル ··············· 25
力線（流束）の密度 ············· 32
力線、流束、場の関係 ··········· 25, 26
流体が進む管路の抵抗 ··········· 58
流体に働く力 ················ 162
流体の圧力損失 ··············· 134
流体のインピーダンス ··········· 72
流体のエネルギー ·············· 131
流体の流れ ·················· 140
流体の流れの速度分布 ··········· 163
流体の変形 ·················· 70
ループインダクタンス ··········· 60
レイアウト ·················· 138, 150
冷却能力の最大化 ·············· 125
レイノルズ数 Re ·············· 164, 165
レイノルズ数の範囲 ············ 166

【著者略歴】

鈴木茂夫 (すずき しげお)

1976 年 東京理科大学 工学部 電気工学科卒業
フジノン(株)を経て(有)イーエスティー代表取締役
技術士（電気電子／総合技術監理部門）

【業務】

・EMC 技術等の支援、技術者教育

【著書】

「EMC と基礎技術」（工学図書）、「主要 EC 指令と CE マーキング」（工学図書）、
「Q&A EMC と基礎技術」（工学図書）、「CCD と応用技術」（工学図書）、「技術士合
格解答例（電気電子・情報）」（共著、テクノ）、「環境影響評価と環境マネージメント
システムの構築―ISO14001―」（工学図書）、「実践 ISO14001 審査登録取得のすすめ
方」（共著、同友館）、「技術者のための ISO 14001―環境適合性設計のためのシステム
構築」（工学図書）、「実践 Q&A 環境マネジメントシステム困った時の 120 例」（共著、
アーバンプロデュース）、「ISO 統合マネジメントシステム構築の進め方―ISO9001/
ISO14001/OHSAS18001」（日刊工業新聞社）、「電子技術者のための高周波設計の基礎
と勘どころ」（日刊工業新聞社）、「電子技術者のためのノイズ対策の基礎と勘どころ」
（日刊工業新聞社、台湾全華科技図書翻訳出版）、「わかりやすいリスクの見方・分析
の実際」（日刊工業新聞社）、「わかりやすい高周波技術入門」（日刊工業新聞社、台湾
建興文化事業有限公司翻訳出版）、「わかりやすい CCD/CMOS カメラ信号処理技術入
門」（日刊工業新聞社）、「わかりやすい高周波技術実務入門」（日刊工業新聞社）、「わ
かりやすいアナログ・デジタル混在回路のノイズ対策実務入門」（日刊工業新聞社）、
「わかりやすい生産現場のノイズ対策技術入門」（日刊工業新聞社）、「読むだけで力が
つくノイズ対策再入門」（日刊工業新聞社）、「ノイズ対策のための電磁気学再入門」
（日刊工業新聞社）、「デジタル回路の EMC 設計技術入門」（日刊工業新聞社）、「トコ
トンやさしい EMC とノイズ対策の本」（日刊工業新聞社）、「ノイズ対策は基本式を理
解すれば必ずできる！」（日刊工業新聞社）、「ノイズ対策を波動・振動の基礎から理
解する！」（日刊工業新聞社）